宁夏生产建设项目
水土保持技术手册

主编　卜崇德　王冬梅

·北京·

内 容 提 要

本书结合宁夏地区的自然条件和生产建设项目水土流失特点，将各种防治技术归纳为8类共26种，并对每一种措施进行典型设计。本书分两部分共10章，第一部分包括宁夏自然概况、宁夏生产建设项目概况2章；第二部分包括斜坡防护工程、拦渣工程、坡面截排水工程、雨水集蓄利用工程、土地整治工程、植被建设工程、防风固沙工程及临时防护措施等8章。本书吸收了国内生产建设项目水土保持设计的新理念、新技术和新方法，措施布设体现了“预防优先、植被优先、生态优先、保护和节约利用水土资源、重建和美化景观”的总体要求。

本书可为宁夏地区水土保持方案编制、生产建设项目水土保持工程施工、监理、监测工作者提供参考和借鉴，也可作为各级水行政主管部门水土保持监督管理人员的技术参考资料。

图书在版编目（CIP）数据

宁夏生产建设项目水土保持技术手册 / 卜崇德，王冬梅主编. -- 北京 : 中国水利水电出版社，2017.3
ISBN 978-7-5170-5273-9

Ⅰ. ①宁… Ⅱ. ①卜… ②王… Ⅲ. ①基本建设项目—水土保持—宁夏—技术手册 Ⅳ. ①S157-62

中国版本图书馆CIP数据核字(2017)第055345号

书 名	**宁夏生产建设项目水土保持技术手册** NINGXIA SHENGCHAN JIANSHE XIANGMU SHUITU BAOCHI JISHU SHOUCE
作 者	卜崇德 王冬梅 主编
出版发行	中国水利水电出版社 （北京市海淀区玉渊潭南路1号D座 100038） 网址：www.waterpub.com.cn E-mail：sales@waterpub.com.cn 电话：(010) 68367658（营销中心）
经 售	北京科水图书销售中心（零售） 电话：(010) 88383994、63202643、68545874 全国各地新华书店和相关出版物销售网点
排 版	中国水利水电出版社微机排版中心
印 刷	北京印匠彩色印刷有限公司
规 格	184mm×260mm 16开本 10印张 250千字
版 次	2017年3月第1版 2017年3月第1次印刷
印 数	0001—1000册
定 价	**78.00**元

凡购买我社图书，如有缺页、倒页、脱页的，本社营销中心负责调换

编　委　会

主任委员　张亚峰

副主任委员　卜崇德　张　宁　牛保安　王冬梅

编　　委　马　斌　徐志友　王立斌　贾爱冬　齐晓磊　王立明　哈玉玲
　　　　　张琳琳　周茂荣　张玉珍　吴　卿　王百田　史常青　张　艳
　　　　　程　云

主　　编　卜崇德　王冬梅

编　　写

前　　言　卜崇德　王冬梅

第一部分

第 1 章　吴林川　马　斌　张琳琳　王冬梅

第 2 章　张琳琳　王冬梅　李梦寻　马　斌

第二部分

第 3 章　王冬梅　张琳琳　王　国　张　艳　孟祥霄　杨郁挺　苏立平

第 4 章　王冬梅　杨郁挺　吕　钊　张琳琳　张　艳　宫亚光　王立斌

第 5 章　周茂荣　刘　平　张玉珍　崔瑞平　李　娇　哈玉玲

第 6 章　周茂荣　张玉珍　黄　端　许发强　李　昊　刘　平

第 7 章　张　艳　徐志友　张振超　张琳琳　盛小斐　付建宁

第 8 章　王百田　王冬梅　李皓颖　程柏涵　徐志友

第 9 章　史常青　王立明　王冬梅　向智锦　王　梦　黄　端

第 10 章　张琳琳　吴　卿　张振超　王立明

制　　图：张玉珍　张琳琳　张　艳　雒旭升　杨郁挺　崔瑞平　宫亚光
　　　　　李　娇　黄　端　王　国　吕　钊

统　　稿：卜崇德　王冬梅　张琳琳

审　　定：卜崇德　王冬梅　王百田

校　　核：程　云　黄　端

前　言

随着社会经济的快速发展，开发建设项目数量越来越多，对自然环境的潜在压力也越来越大。《中华人民共和国水土保持法》规定，在山区、丘陵区、风沙区以及水土保持规划确定的容易发生水土流失的其他区域开办可能造成水土流失的生产建设项目，生产建设单位应当编制水土保持方案，生产建设项目中的水土保持设施，应当与主体工程同时设计、同时施工、同时投产使用。宁夏是我国较早开展水土保持工作的地区之一，广大水土保持工作者在长期的工作实践中，在常规水土流失治理方面积累了丰富的经验，但就开发建设项目水土流失防治而言，经历时间短，经验不足。为此，宁夏水利厅水土保持局组织区内外科研院所和有关单位的水土保持专家学者，对全自治区不同自然类型区200多个生产建设项目水土流失防治技术和措施进行了广泛调查和资料采集，经系统整理、分析和总结，编写了《宁夏生产建设项目水土保持技术手册》。本书结合宁夏地区的自然条件和生产建设项目水土流失特点，将各种防治技术归纳为8类共26种，并对每一种措施进行典型设计。手册分两部分共10章，第一部分包括宁夏自然概况、宁夏生产建设项目概况2章；第二部分包括斜坡防护工程、拦渣工程、坡面截排水工程、雨水集蓄利用工程、土地整治工程、植被建设工程、防风固沙工程及临时防护措施等8章。

本书遵循“预防为主、保护优先、全面规划、综合治理、因地制宜、突出重点、科学管理、注重效益”的水土保持方针；恪守“生态安全、绿化美化、省工经营”的设计理念；吸收了国内生产建设项目水土保持设计的新理念、新技术和新方法，措施布设体现了“预防优先、植被优先、生态优先、保护和节约利用水土资源、重建和美化景观”的总体要求。

本书可为宁夏地区水土保持方案编制、生产建设项目水土保持工程施工、监理、监测工作者提供参考和借鉴，也可作为各级水行政主管部门水土保持监督管理人员的技术参考资料。

本书编写过程中广泛征求了一线项目经理、工程技术人员和业界专家的意见，并经过多次专家论证、审订和修改。手册初稿出来后印发给有关单位试用1年，收集各方面意见。在编写过程中，得到了北京林业大学水土保持学院以及宁夏水利厅水土保持局及诸多专家的支持和帮助，在此表示衷心感谢。

虽经长时间准备和多次研讨、审查与修改，手册难免存在疏漏与不足，恳请广大读者提出宝贵意见，以便完善。

编者

2016年10月

目　录

第一部分 概 论

第1章　宁夏自然概况

宁夏回族自治区位于我国西北地区东部，黄河上中游，地处东经104°17′～107°39′与北纬35°14′～39°23′之间，地域狭长，南北长约456km，东西宽约45～250km，东部与陕西省毗邻，南部与甘肃省相连，西部、北部与内蒙古自治区接壤。总面积6.64万km^2，辖5个地级市，22个县市（区）。

1.1　自然状况

1.1.1　地形地貌

宁夏回族自治区地处中国地质、地貌“南北中轴”的北段，在华北台地、阿拉善台地与祁连山褶皱之间。从西面、北面至东面，由腾格里沙漠、乌兰布和沙漠和毛乌素沙地相围，南面与黄土高原相连。地形南北狭长，地势南高北低，西部高差较大，东部起伏较缓。自南向北依次可分为六盘山山地、宁南黄土丘陵、宁中山地与山间平原、灵盐台地、银川平原和贺兰山山地等六个地貌单元。南部以流水侵蚀的黄土地貌为主，中北部以干旱剥蚀、风蚀地貌为主。南部六盘山山地海拔为2500～2942m，黄土丘陵沟壑区海拔高度为1300～2000m；中部缓坡丘陵和干旱草原区海拔高度为1300～2600m；北部贺兰山山地海拔高度为1600～3000m，黄河冲积平原区海拔高度为1100～1200m。

1.1.2　气候气象

宁夏深居内陆，处于黄土高原、蒙古高原和青藏高原的交汇地带，大陆性气候特征十分典型。在我国的气候区划中，固原市南部属中温带半湿润区，原州区以北至盐池、同心一带属中温带半干旱区，引黄灌区属中温带干旱区。基本气候特点是：干旱少雨、风大沙多、日照充足、蒸发强烈，冬寒长、春暖快、夏热短、秋凉早，气温的年差及日差均较大，无霜期短而多变，干旱、冰雹、大风、沙尘暴、霜冻、局地暴雨洪涝等灾害性天气比较频繁。

（1）气温。宁夏年平均气温为5.3～9.9℃，呈北高南低分布。兴仁、麻黄山及固原市在7℃以下，其他地区在7℃以上，中宁、大武口分别是9.5℃和9.9℃，为全区年最高。各地气温7月最高，平均为16.9～24.7℃，1月最低，平均为－9.3～－6.5℃，气温年差较大，达25.2～31.2℃。

（2）降水。宁夏年平均降水量166.9～647.3mm，北少南多，差异明显。北部银川平原200mm左右，中部盐池同心一带300mm左右，南部固原市大部地区400mm以上，六盘山区可达647.3mm。宁夏降水季节分配很不均匀，夏秋多、春冬少，降水相对集中。春季降水仅占年降水量的12%～21%；夏季是一年中降水次数多、降水量大、局部洪涝发生频繁的季节；秋季降水量略多于春季，约占年降水量的16%～23%；冬季最少，大多数地区不超过年降水量的3%。

（3）蒸发。宁夏各地年平均蒸发量1312～2204mm，同心、韦州、石炭井最大，超过2200mm；西吉、隆德、泾源较小，在1336.4～1432.3mm之间。蒸发量夏季大，冬季小。

（4）太阳辐射及日照。宁夏海拔较高，阴雨天气少，大气透明度好，辐射强度高，日照时间长。年平均太阳总辐射量为4950～6100MJ/m^2，年日照时数2250～3100h，日照百分率为50%～69%，是全国日照资源丰富的地区之一。

（5）风。宁夏各地年平均风速为2.0～7.0m/s，贺兰山、六盘山是宁夏年平均风速的高值区，年平均风速分别为7.0m/s和5.8m/s左右，其次是麻黄山，年平均风速为4.0m/s左右；大武口、平罗一线是宁夏年平均风速最小的地区，为2.0m/s左右。全年大风日数（极大风速不小于17.0m/s，或者风力不小于8级的天数）以贺兰山和六盘山最多，在100天以上，其他地区在4～46天之间。春季各地大风日数多，平均风速大，冬夏次之，秋季大风日数最少，平均风速最小。

宁夏各市县主要气象资料如表1-1所示。

表1-1　　各市县主要气象资料（多年平均值）

地区	气温/℃			降水量/mm	蒸发量/mm	干燥度	日照时数/h	风速/(m/s)
	平均	最高	最低					
银川市	8.5	39.3	−30.6	202.7	1200	3.99	3039.6	1.8
永宁县	8.6	38.3	−27.0	202.4	1100	4.18	2897.6	2.3
贺兰县	8.3	36.2	−27.7	193.0	1300	4.11	2901.0	2.4
灵武市	8.9	41.4	−28.0	212.1	1928	4.09	3008.4	2.6
石嘴山市	8.2	37.9	−28.4	183.4	1400	4.17	3083.6	2.9
惠农区	8.1	37.7	−30.3	190.1	—	4.67	3075.4	2.6
平罗县	8.2	37.9	−28.4	183.7	1755	4.31	3106.9	2.0
吴忠市	8.8	36.9	−24.0	193.3	1000	4.25	2936.5	2.7
青铜峡市	8.8	36.7	−23.7	185.3	1100	4.68	2851.7	2.9
盐池县	7.7	38.1	−29.6	296.4	2132	2.95	2868.0	2.8
同心县	8.4	37.9	−27.3	277.1	2300	3.34	3054.4	3.0
固原市	6.2	34.6	−28.1	478.1	1773	1.60	2518.2	2.9
西吉县	5.3	32.6	−27.9	434.9	1481	1.55	2325.8	2.2
隆德县	5.1	31.4	−25.7	553.4	1339	1.19	2228.2	2.2
泾源县	5.8	31.6	−26.3	650.8	1427	1.02	2242.0	3.1
彭阳县	7.2	36.0	−20.0	429.8	1753	—	2311.2	2.7
中卫市	8.4	37.6	−29.2	185.9	1958	4.49	2845.9	2.4
中宁县	9.2	38.5	−26.7	223.0	2055	3.78	2900.7	2.9
海原县	7.0	34.3	−24.0	403.3	2153	2.17	2716.6	3.3

注　银川市主指兴庆区、金凤区和西夏区；石嘴山市主指大武口区；吴忠市主指利通区；固原市主指原州区；中卫市主指沙坡头区。本表数据主要来源于《宁夏国土资源》。

1.1.3　土壤植被

（1）土壤。全国第二次土壤普查显示，宁夏南部属温带草原区，主要分布有黑垆土；中北部属荒漠草原地区，主要分布有灰钙土；北部石嘴山市落石滩分布有灰漠土。垂直地带性主要分布在六盘山、贺兰山和罗山等山地，随山地海拔上升，植被、气候发生变化，有亚高山草甸土和灰褐土的分布。在地带性土壤分布的基础上形成了一些地域性土壤，银川平原由于长期引黄灌溉，地下水位高，加之受长期灌溉耕作影响，形成了潮土、灌淤土、龟裂碱土、盐土、沼泽土等；黄绵土、红黏土分布于南部黄土丘陵沟壑区；风沙土广布于自治区中北部。

（2）植被。宁夏自然植被有森林、灌丛、草甸、草原、沼泽等类型，现有植被面积28781km²，其中有林地、牧草地面积分别为59281km²、22853km²。在植被面积中，天然植被占75.9%，人工植被占24.1%。天然植被的主要类型有针叶阔叶林、灌丛、山地疏林、草甸、草原、草原带沙生植被、荒漠和沼泽等八类。天然植被中，以草原植被为主体，面积占自然植被的79.5%。干草原和荒漠草原是宁夏草原的主要类型，其面积占全区草原面积的97%以上。森林植被贫乏，主要集中分布于贺兰山、六盘山和罗山等海拔较高、相对高度较大的山地，属天然次生林，六盘山有一定比例的人工林。受水热条件尤其是水分因素的制约，植被的地带性分异明显，自南向北，呈森林草原—干草原—荒漠草原—草原化荒漠的水平分布规律。草甸、沼泽、盐生和水生植物群落则分布于河滩、湖泊等低洼地域。

1.1.4　河流水系

宁夏位于黄河上中游段，除盐池县东部、中卫市沙坡头区甘塘一带为闭流区外，其余地区均属黄河流域。

黄河干流自中卫市沙坡头区南长滩入境，蜿蜒于卫宁平原和银川平原，至石嘴山市头道坎北麻黄沟出境，流程397km。境内黄河主要支流有清水河、泾河、葫芦河、祖历河、苦水河、红柳沟六条。清水河、泾河、葫芦河分别发源于六盘山北、东、西山麓。清水河、苦水河、红柳沟三河自南向北在境内入黄河，具有水量小、矿化度高、泥沙多、径流量变化大等特点；泾河、葫芦河分别向东、南方向经甘、陕两省入渭河进入黄河，祖历河向西方向流经甘肃入黄河，其中泾河和葫芦河具有水量较大、矿化度低、泥沙少、径流变化小等特点。

主要河流（区域）水文特征值如表1-2所示。

表1-2　主要河流（区域）水文特征值表

河名 \ 项目		流域面积/(km²)	降水量		径流深/mm	径流量/亿m³	输沙模数/(t/km²)	输沙量/亿t
			降水/mm	总水量/亿m³				
清水河	全流域	14481	349	50.5	14.9	2.16	3410	0.494
	区内	13511	347	46.9	15.0	2.02	3420	0.462

续表

河名＼项目		流域面积/(km²)	降水量		径流深/mm	径流量/亿 m³	输沙模数/(t/km²)	输沙量/亿 t
			降水/mm	总水量/亿 m³				
苦水河	全流域	5218	268	14.0	3.0	0.155	1040	0.054
	区内	4942	265	13.1	2.5	0.125	890	0.044
泾河（区内）		4955	510	25.3	70.4	3.49	4380	0.217
葫芦河（区内）		3281	491	16.1	51.5	1.69	4480	0.147
祖历河（区内）		597	410	2.45	18.0	0.107	5160	0.031
干流区间（区内）		16301	223	36.3	7.5	1.225	567	0.092
闭流、内陆区		1864	267	4.98	5.9	0.110	376	0.007
黄河冲积平原区		6367	192	12.2	1.9	0.123	—	—
全区		51800	303	157	17.2	8.89	1930	1.000

注　本表引自《宁夏回族自治区水土保持专项规划报告》。

1.2　土壤侵蚀概况

1.2.1 侵蚀面积及强度

根据全国第一次水利普查成果，2013 年宁夏土壤侵蚀面积 19619km²，占全区土地总面积的 37.8%。其中，轻度侵蚀 9378km²，占土壤侵蚀总面积的 47.8%；中度侵蚀 4686km²，占土壤侵蚀总面积的 23.9%；强度侵蚀 2547km²，占土壤侵蚀总面积的 13.0%；极强度侵蚀 2619km²，占土壤侵蚀总面积的 13.4%；剧烈侵蚀 388km²，占土壤侵蚀总面积的 2.0%。全区平均土壤侵蚀模数为 2758t/(km²·a)。

1.2.2　侵蚀类型及分布

宁夏土壤侵蚀类型主要为水力侵蚀和风力侵蚀。水力侵蚀主要分布在南部黄土丘陵沟壑区及六盘山、贺兰山土石山区，面积 13891km²，年侵蚀模数 1000～10000t/(km²·a)，其中强度以上［侵蚀模数大于 5000t/(km²·a)］侵蚀面积 2794km²，分布在黄土丘陵沟壑区的安家川、折死沟、苋麻河、滥泥河、盐池南部环江东西川等支流。风力侵蚀主要分布在中北部的干旱草原区，面积 5728km²，其中强度以上侵蚀面积 2761km²，位于毛乌素沙地和腾格里沙漠边缘。

1.3　水土流失类型区划分

根据 1985 年《宁夏回族自治区水土保持专项规划报告》，全区共划分为土石山区、黄土丘陵沟壑区、干旱草原区和黄河冲积平原区四个水土流失类型区。

1.3.1 土石山区

分布于宁夏南部的六盘山和北部的贺兰山，总面积6494.6km²，占自治区总土地面积的12.5%。

贺兰山土石山区包括贺兰山山体和东麓的洪积扇区，北起石嘴山市落石滩，南至银川市的三关，西以分水岭与内蒙古阿拉善左旗相接，东南部为黄河冲积平原区，包括惠农区、大武口区、平罗县、贺兰县、西夏区、永宁县等县（区）西部，面积2802.1km²。山体主要由花岗岩组成，边缘有少量的沉积岩，物理风化作用强烈，海拔一般在2000～3000m，主峰苏峪口西北海拔3556m，地面坡度30°～40°。气候属中温带干旱区，年降雨量250～300mm。地面植被呈垂直地带性分布，洪积扇和低山为荒漠草原，植被稀疏，高山区有天然次生林分布。土壤呈明显垂直分布，海拔3100m以上为高山草甸土，2600～3100m为中性灰褐土，2000m下为山地灰钙土、粗骨土等，山前洪积扇多为砂砾覆盖。土壤侵蚀类型为水力侵蚀和风力侵蚀。

六盘山土石山区位于宁夏回族自治区南部，是清水河、葫芦河、泾河的源头，南与甘肃关山林区相连，东、北、西三面为黄土丘陵沟壑区所环抱，包括泾源县全县、原州区南部、隆德县东部、西吉县北部、海原县南部，面积3692.5km²。南部为天然林区，中北部为森林草甸区，海拔一般在1800～2955m，主山峰六盘山（米缸山）海拔2942m，南华山（马万山）海拔2955m，月亮山海拔2633m。气候属中温带半湿润区，年降雨量400～700mm。植被较好，植被类型随着海拔高度的变化分为温带落叶阔叶林、针阔叶混交林、山地灌丛草原、山地草地草原和亚高山草甸。土壤主要有灰褐土、棕壤土、黑垆土组成，下伏碎屑岩等。土壤侵蚀类型为水力侵蚀。

1.3.2 黄土丘陵沟壑区

分布于宁夏南部六盘山周边，总面积13734km²，占自治区总土地面积的26.5%。六盘山突起，把黄土丘陵区划为东、西、北三个部分，按其特征分属于丘Ⅱ、丘Ⅲ、丘Ⅴ三个副区。丘Ⅱ区位于六盘山东，泾河流域和清水河上游，包括彭阳全县和原州区东部；丘Ⅲ区位于六盘山西南部，属葫芦河流域，包括西吉、隆德两县的大部分；丘Ⅴ区位于六盘山北部、西部，属清水河流域和祖历河，包括原州区北部、同心、盐池南部、海原大部，西吉的西北部。三个副区以中低山丘陵为主，川台、梁峁、残塬、盆淌相间分布，海拔一般在1300～2400m。气候属中温带半湿润、半干旱区，植被类型为灌丛草原、干旱草原。地面黄土覆盖深厚，下伏砂岩和页岩，地表土壤主要有黄绵土、黑垆土和灰钙土等。水土流失类型为水力侵蚀。

1.3.3 干旱草原区

分布于宁夏中北部黄河冲积平原四周的灵盐台地和卫宁山地，面积22204.4km²，占自治区总面积的42.9%。包括平罗县和兴庆区黄河以东、盐池县大部及灵武市、利通区、青铜峡市、同心县、中宁县、沙坡头区等部分地区。东部属鄂尔多斯台地、毛乌素沙漠边缘，固定、半固定沙丘、平沙地发育，风蚀强烈，土地沙化严重；中部由中低山地缓坡丘陵组成，海拔 1280～2600m，清水河两岸的山间河谷盆地，地势平缓；西部为香山地区，由中低山地组成。气候属中温带半干旱和干旱区，年降雨量 180～300mm。植被类型为干旱草原和荒漠草原。地表土壤主要有风沙土、灰钙土、黄绵土等。水土流失类型为风力侵蚀和水力侵蚀兼有。

1.3.4　黄河冲积平原区

位于宁夏中北部黄河两岸，包括卫宁平原和银川平原，黄河斜贯其间，流程 397km。涉及中卫到石嘴山市沿黄河十三个县（区），面积 6367km^2，占自治区总面积的 12.3%。沿黄两岸地势平坦，海拔 1100～1200m。气候属中温带干旱区，年降雨量 180～220mm。植被类型以人工栽培植被为主。地表土壤主要有灌淤土、灰钙土、龟裂碱土等。水土流失类型为风力侵蚀。

宁夏水土流失类型区特性如表 1－3 所示。

表 1－3　　宁夏水土流失类型区特性表

分区		主要行政区	地貌特征	气候区	降雨/mm	土壤	植被类型	水土流失类型	土壤侵蚀模数/[t/(km^2·a)]
土石山区	六盘山	泾源全县，隆德东北部，原州南部，西吉北部，彭阳西部，海原南部	山地	中温带半湿润区	400～700	棕壤土、草甸土、黑垆土、灰褐土	森林草原、山地草地和草甸	水力侵蚀	500～2500
	贺兰山	惠农、大武口、平罗、贺兰、西夏、永宁西部	山地及洪积扇	中温带干旱区	250～400	草甸土、灰褐土、粗骨土	森林灌丛、干旱草原	水力侵蚀＋风力侵蚀	500～2200
黄土丘陵沟壑区		彭阳全县，原州区中北部，西吉、隆德、海原大部，同心和盐池南部	丘陵、沟壑、梁峁、涧淌	中温带半湿润半干旱区	270～600	黑垆土、黄绵土、灰钙土	干旱草原、灌丛草原	水力侵蚀＋风力侵蚀	2000～10000
干旱草原风沙区		平罗、兴庆区黄河以东，同心、红寺堡和盐池大部，永宁、灵武、利通、青铜峡、中宁、沙坡头等山区部分	丘陵、沙地及中低山	中温带半干旱干旱区	180～280	黄棉土、灰钙土、风沙土	干旱草原、荒漠草原。	风力侵蚀＋水力侵蚀	500～3000
黄河冲积平原区		沙坡头、中宁、青铜峡、利通、灵武、永宁、兴庆、金凤、西夏、贺兰、大武口、平罗、惠农	平原、河流	中温带干旱区	180～220	灌淤土、灰钙土、龟裂碱土	栽培植被	风力侵蚀	＜500

第2章　宁夏生产建设项目概况

生产建设活动是我国现代化建设的重要部分，是国民经济发展的重要支撑。同时，生产建设过程中的挖、填、弃、平等活动，不可避免地会扰动地表、占压和毁坏植被，造成水土资源的破坏和损失，加剧土壤侵蚀。因此，采取各种措施防治生产建设项目新增水土流失，保护水土资源，改善生态环境，是贯彻落实《中华人民共和国水土保持法》和科学发展观，全面建设小康社会和生态文明，实现社会主义现代化的战略措施。

2.1　基本概念

生产建设项目在我国通常是指按固定资产投资管理形式进行投资并形成固定资产的全过程。新建项目一般有建设准备、建设安装、建成投产三个过程。在固定资产再生产过程中还包括固定资产更新、改建、扩建等活动。

2.2　建设项目分类

生产建设项目按建设和生产运行情况可划分为建设类和建设生产类，并按类别划分时段。

建设类项目是指进行包括公路、铁路、机场、港口码头、水工程、电力工程（水电、核电、风电、输变电）、通信工程、输油输气管道、国防工程、城镇建设、开发区建设、地质勘探等工程时，水土流失主要发生在建设期的项目，其时段标准划分为施工期、试运行期。

建设生产类项目是指进行包括矿产和石油天然气开采及冶炼、建材、火力发电、考古、滩涂开发、生态移民、荒地开发、林木采伐等工程时，水土流失发生在建设期和生产运行期的项目，其时段标准划分为施工期、试运行期、生产运行期。

生产建设项目按工程建设特点和水土流失特点，又可分为线状工程和点状工程两类：线状工程如公路铁路工程、天然气管线工程等，点状工程如电厂、井采矿、露采矿、水利工程、农林开发、冶金化工、城镇建设等。

2.3　不同项目水土流失特点

生产建设项目水土流失是指项目工程建设和生产运行过程中，由于开挖、填筑、堆垫、弃土（石、渣）、排放废渣（尾矿、尾砂、矸石、灰渣等）等活动，扰动、挖损、占压土地，导致地貌、土壤和植被损坏，在水力、风力、重力及冻融等外营力作用下造成的岩、土、废弃物的混合搬运、迁移和沉积，导致水土资源的破坏和损失，最终使土地生产力和生态功能下降甚至完全丧失。生产建设项目水土流失较通常意义上的水土流失更加剧烈，属于人为水土流失范畴。不同类型生产建设项目水土流失特征如表 2－1 所示。

表 2－1　　宁夏主要生产建设项目水土流失基本特征

项目类型	行业	特　点	重点时段	重点防治部位
线状	公路、铁路工程	线路长，工期长，地貌类型多，永久占地及土石方量大，取、弃土场多而分散	建设期、运行初期	路堑、路基边坡，取、弃土（渣）场，施工临建区
	输气、油、水等管线工程	线路长，工期长，地貌类型多，临时占地多，临时弃土（渣）多而分散	施工准备期、建设期	作业带、临时堆土区，穿越工程区，施工便道
	输变电工程	线路长，工期长，地貌类型多，占地点状分散，临时弃土（渣）量少分散，施工便道长	施工准备期、建设期	塔基区（临时堆土），施工便道
	渠道、排水沟道等水利工程	线路长，工期长，地貌类型多，永久占地及土石方量大，取、弃土场多而分散，施工便道长	建设期、运行初期	挖填边坡，取、弃土（渣）场，施工便道
点状	火电工程	占地集中，工期长，地貌类型单一，场平扰动大，生产期排渣量大	建设期、运行期	厂区（临时堆土、绿化），输水及道路区，贮灰场
	风电工程	占地相对集中，工期短，临时弃土（渣）较分散，施工便道多	施工准备期、建设期	风机平台区（临时堆土、边坡），施工便道，输电线路
	光伏工程	占地集中，工期短，场平扰动大，检修道路、输电线路长	施工准备期、建设期	厂区，检修道路、输电线路
	井工开采矿山工程	占地集中，工期长，地面生产系统及附属设施多，建设和生产期排渣量大	建设期、运行期	工业场地（临时堆土、绿化），外部配套设施，排矸场
	露天开采矿山工程	占地大，工期长，地面扰动大破坏严重，生产系统及附属设施多，弃土（石、渣）量大堆置高	建设期、运行期	工业场地，采掘坑，排土场，外部配套设施
	库、坝、泵站等水利工程	占地集中，取、弃土石方量大，施工便道长	施工准备期、建设期	主体工程区，取料场、弃渣场，施工临建区
	冶金化工	占地集中，场平扰动大，生产期排渣量大	建设期、运行期	厂区（临时堆土、绿化），弃渣场、尾矿（砂）库

2.4　水土保持措施分类

依据《开发建设项目水土保持技术规范》（GB 50433—2008），水土保持措施可分为工程措施、植物措施、临时防护措施三大类。其中拦挡工程、防洪排导工程、雨水集蓄利用工程、土地整治工程、防风固沙工程属于工程措施；植被建设工程属于植物措施；至于斜坡防护工程，则工程措施、植物措施均有涉及；临时防护措施主要包括临时拦挡、排水、沉沙、覆盖等，均为施工期临时工程。

经调查，宁夏不同水土流失类型区，生产建设项目主要水土流失防治措施如表 2－2 所示。

表 2-2　　宁夏不同水土流失类型区水土保持措施表

分区		水土保持措施		
		工程措施	植物措施	临时措施
土石山区	六盘山	1）斜坡防护：削坡开级、砌石护坡、混凝十护坡、综合护坡等。 2）拦渣：挡渣墙、拦渣堤等。 3）防洪排水：截水沟、排水沟等。 4）土地整治：表土回覆、土地翻松平整等	乔、灌、草结合	表土剥离、排水、拦挡、沉沙、苫盖等
	贺兰山	1）斜坡防护：削坡开级、砌石护坡、混凝土护坡、综合护坡等。 2）拦渣：挡渣墙、拦渣堤等。 3）防洪排水：截水沟、排水沟。 4）土地整治：土地平整、砾（片）石压盖等。 5）雨水利用：蓄水、节灌、入渗等	种草为主	洒水、拦挡、苫盖等
黄土丘陵沟壑区		1）斜坡防护：削坡开级、砌石护坡、混凝土护坡、综合护坡、梯田等。 2）拦渣：挡渣墙、拦渣堤等。 3）防洪排水：截水沟、排水沟等。 4）土地整治：表土回覆、土地翻松平整等。 5）雨水利用：蓄水、节灌、入渗等	丘Ⅱ、丘Ⅲ区：乔、灌、草结合，灌、草为主； 丘Ⅴ区：灌、草结合，种草为主	表土剥离、排水、拦挡、沉沙、苫盖等
干旱草原风沙区		1）斜坡防护：削坡开级、砌石护坡、混凝土护坡、综合护坡等。 2）拦渣：挡渣墙、拦渣堤等。 3）防洪排水：截水沟、排水沟。 4）土地整治：表土回覆、土地翻松平整、砾（片）石压盖、沙障固沙等。 5）雨水利用：蓄水、节灌、入渗等	灌、草结合，种草为主	表土剥离、洒水、拦挡、苫盖等
黄河冲积平原区		1）斜坡防护：削坡开级、砌石护坡、混凝土护坡、综合护坡等。 2）拦渣：挡渣墙、拦渣堤等。 3）防洪排水：截水沟、排水沟。 4）土地整治：表土回覆、土地翻松平整、砾（片）石压盖、沙障固沙等。 5）雨水利用：蓄水、节灌、入渗等	乔、灌结合	表土剥离、洒水、拦挡、苫盖等

2.5　主体工程水土保持措施界定

根据《开发建设项目水土保持技术规范》（GB 50433—2008）对水土保持措施的界定三原则，把主体设计中以水土保持功能为主的措施界定为水土保持措施，纳入水土保持方案防治体系中。水土保持措施的界定可参考 2.5.1～2.5.3 小节 。

2.5.1　拦挡和排水措施界定

拦挡和排水措施界定如表 2-3 所示。

表 2-3　　　生产建设项目拦挡和排水措施水土保持界定表

项目类型	界定为水土保持的措施		不界定为水土保持的措施	
	拦挡类	排水类	拦挡类	排水类
火电厂	弃渣（土、石）场挡渣墙、拦渣坝、拦渣堤	厂区雨水排水管、排水沟、截水沟、雨水蓄水池，灰场周边截水沟、排水沟	厂区挡土墙、围墙，储煤场防风抑尘网，灰场灰坝、拦洪坝、隔离堤	煤场沉淀池，灰场排水竖井、卧管、涵洞、盲沟、坝后蓄水池。
水利水电	弃渣（土、石）场挡渣墙、拦渣坝、拦渣堤	厂坝区、办公生活区雨水排水管、截水沟、排水沟，弃渣（土、石）场、取料场截水沟、排水沟	厂坝区、办公生活区挡土墙，围堰修筑和拆除	施工导流工程。
输变电、风电、光伏	弃渣（土、石）场（点）挡渣墙	变电站（所）截水沟、排水沟，塔基和风机周边截水沟、排水沟、挡水堤	变电站（所）、塔基、风机挡土墙	
冶金、有色、化工	废石场和排土场挡渣墙、拦渣坝、拦渣堤	厂区和工业场地的雨水排水管、排水沟、截水沟、雨水蓄水池，采掘场和废石场截水沟、排水沟	厂区和工业场地挡土墙、围墙，尾矿库（赤泥库）的尾矿坝、拦渣堤、上游挡水坝，冶炼渣场拦渣坝	尾矿库（赤泥库）排水竖井、卧管、涵洞，冶炼渣场和废石场盲沟。
井采矿	矸石场的挡矸墙、拦矸坝	工业场地雨水排水管、截水沟、排水沟、雨水蓄水池，排矸场截水沟、排水沟	工业场地挡土墙、围墙	
露采矿	排土场、废石场挡渣墙、拦渣坝、拦渣堤	工业场地雨水排水管、截水沟、排水沟、雨水蓄水池，排土场、废石场截水沟、排水沟，采掘场截水围堰	工业场地挡土墙、围墙	采坑内集水、提排设施。
公路、铁路	弃土（渣）场挡渣墙、拦渣坝、拦渣堤	服务区、养护工区等雨水排水管、截水沟、排水沟，路基截水沟、边沟、排水沟、急流槽、蒸发池，桥梁排水管、排水沟，隧道洞口截水沟、排水沟，弃土（渣）场、取土（料）场截水沟、排水沟，西北戈壁区路基两侧导流堤	服务区、养护工区、路基挡土墙	路基涵洞、路面排水。
机场	弃渣（土、石）场挡土墙	飞行区、航站区、办公区、净空区雨水排水管、排水沟、截水沟、蓄水池，取土（料）场和弃渣（土、石）场截水沟、排水沟	飞行区、航站区、办公区挡土墙	
港口码头		堆场、码头雨水排水管、排水沟	海堤，堆场、码头挡土墙	
输气、输油、输水管道	弃土（渣）场挡土墙、挡渣墙	站场截水沟、排水沟，管道作业带、穿越工程的截水沟、排水沟	站场挡土墙、围墙，稳管镇墩、截水墙，管道作业带和穿跨越的挡土墙	
油气田开采	弃渣（土、石）场挡渣墙	站场、井场雨水排水管、截水沟、排水沟，弃渣（土、石）场、取土（石、料）场截水沟、排水沟	站场、井场挡土墙	

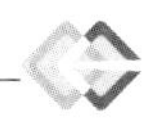

2.5.2　护坡措施界定

植物护坡、工程与植物措施相结合的综合护坡界定为水土保持措施。主体设计在稳定边坡上布设的工程护坡应界定为水土保持措施，处理不良地质采取的护坡措施（锚杆护坡、抗滑桩、抗滑墙、挂网喷混等）不界定为水土保持措施。

2.5.3　其他措施界定

（1）土地整治、植被建设、临时防护、降水蓄渗、防风固沙措施均界定为水土保持措施。

（2）表土剥离应界定为水土保持措施。

（3）场地和道路硬化一般不界定为水土保持措施，但采用透水形式的硬化措施可界定为水土保持措施。

（4）江河湖海的防洪堤、防浪堤（墙）、抛石护脚均不界定为水土保持措施。

第二部分　宁夏生产建设项目水土保持措施

第3章 斜坡防护工程

斜坡是指在自然因素或人工再塑作用下形成的各种斜坡面。斜坡防护工程是为了稳定开挖面或堆置固体废弃物所形成的不稳定边坡，对局部非稳定自然边坡进行加固的水土保持护坡措施，主要包括削坡开级工程、工程护坡工程、植物护坡工程和综合护坡工程。

不同类型护坡工程设计不尽相同，具体设计请参考《水利水电工程边坡设计规范》（SL 386—2007），当开挖或填筑边坡在规范规定的稳定边坡范围内时可不进行稳定安全计算，各类边坡的稳定坡度如附表1～附表3所示。

根据宁夏生产建设项目现有水土保持措施调查对挖填方边坡进行分类。挖填方边坡分类如表3-1、表3-2所示。

表3-1　　宁夏现有挖方边坡特性表

微地形	特征
土质斜坡削坡区	开挖边坡质地为土质，平均坡度36.5°，坡度30°～45°，平均坡长10.7m。主要为综合护坡
土质缓坡削坡区	开挖边坡质地为土质，平均坡度22.2°，小于30°，平均坡长10.7m。主要为植草护坡
土质陡坡削坡区	开挖边坡质地为土质，平均坡度54.7°，坡度45°～90°，平均坡长8.1m。主要为浆砌石护坡和混凝土预制块护坡
岩质陡坡削坡区	开挖边坡质地为岩石，平均坡度61°，平均坡长6.8m。主要采取浆砌石护坡+落石防护网进行防护
岩质斜坡削坡区	开挖边坡质地为岩石，平均坡度40°，小于45°，平均坡长6.5m。主要为浆砌石护坡

注　本表引自《宁南山区生产建设项目水土流失防治技术体系研究》（王国，北京林业大学出版社，2013），表3-2同。

表3-2　　宁夏现有填方（含堆积）边坡特性表

微地形	特征
土质缓坡堆坡区	回填或堆积物质主要是土体，平均坡度19.6°，小于30°，平均坡长9.3m。常见护坡方式为植草护坡
土质斜坡堆坡区	回填或堆积物质主要是土体，平均坡度38.5°，坡度30°～45°，平均坡长8.7m。常见于道路两侧，主要采用综合护坡
矸石缓坡堆坡区	主要为煤矿开采过程中形成的矸石，主要是矸石堆积平台处，堆弃结束后进行覆土，种植草本植物进行绿化
矸石斜坡堆坡区	主要为煤矿开采过程中形成的矸石，主要是矸石自然堆存的坡面，通常坡度在30°左右，堆弃结束后进行覆土，植草绿化，坡脚处设置挡土墙或拦渣坝
灰渣缓坡堆坡区	主要为电厂生产过程中产生的灰渣，集中堆存于贮灰场，主要为堆渣面，堆弃结束后进行覆土，种植乔、灌、草进行绿化
灰渣斜坡堆坡区	主要为电厂生产过程中产生的灰渣，集中堆存于贮灰场，主要为灰渣坡面，堆弃结束后进行覆土、绿化，坡脚处设置挡土墙或拦渣坝

水土保持措施应在边坡稳定的基础上进行设计，根据不同的基质、适宜的绿化条件和绿化方式，结合周边环境景观等因素，对人工造成的裸露边坡选择适宜的斜坡防护措施。各类斜坡主要防护措施如表3-3所示。

表3-3　　各类斜坡主要防护措施

工程区域		边坡类型	工程护坡措施	植被护坡措施
主体工程区	闸坝区	开挖岩质边坡	喷混凝土护坡或锚喷混凝土护坡	喷植生混凝土护坡、厚层基材植被护坡
	厂区	开挖岩质边坡	浆砌石护坡、喷混凝土护坡或锚喷混凝土护坡	攀缘植物护坡、喷植生混凝土护坡、厚层基材植被护坡
	引水隧洞口	开挖岩质边坡	浆砌石护坡、喷混凝土护坡或锚喷混凝土护坡	攀缘植物护坡、喷植生混凝土护坡、厚层基材植被护坡
	施工支洞口	开挖岩质边坡	浆砌石护坡、喷混凝土护坡或锚喷混凝土护坡	攀缘植物护坡、喷植生混凝土护坡、厚层基材植被坡
	永久办公生活区	填筑土质边坡或土石混合边坡	干砌石护坡、浆砌石护坡、喷混凝土护坡	铺草皮护坡、液压喷播植草护坡、三维植被网护坡、骨架植草护坡
道路区	路堤	填筑土质边坡或土石混合边坡	干砌石护坡、浆砌石护坡	铺草皮护坡、骨架植草护坡
	路堑	开挖岩质边坡	浆砌石护坡、喷混凝土护坡或锚喷混凝土护坡	三维植被网护坡、土工格室植草护坡、厚层基材植被护坡
	隧道口	开挖岩质边坡	喷混凝土护坡或锚喷混凝土护坡	喷植生混凝土护坡、厚层基材植被护坡
施工设施区	开挖区	开挖岩质边坡	浆砌石护坡、喷混凝土护坡或锚喷混凝土护坡	三维植被网护坡、土工格室植草护坡、厚层基材植被护坡
	填筑区	填筑土质边坡或土石混合边坡	干砌石护坡、浆砌石护坡	铺草皮护坡、液压喷播植草护坡、三维植被网护坡、骨架植草护坡
弃渣场		填筑土质边坡或土石混合边坡	干砌石护坡、浆砌石护坡、抛石护坡、钢筋石笼护坡	铺草皮护坡、液压喷播植草护坡
石料场		开挖岩质边坡	浆砌石护坡、喷混凝土护坡或锚喷混凝土护坡	攀缘植物护坡、三维植被网护坡、土工格室植草护坡、厚层基材植被护坡

注　引自《水工设计手册（第2版）》第3卷“征地移民、环境保护和水土保持”。

3.1　削坡开级

削坡是削掉非稳定边坡的部分岩土体，以减缓坡度，削减助滑力，从而保持坡体稳定的一种护坡措施；开级则是通过开挖边坡，修筑阶梯或平台，达到截短坡长，改变坡型、坡度、坡比，降低荷载重心，维持边坡稳定的护坡措施。二者可单独使用，亦可合并使

用，主要用于防止中小规模的土质边坡滑坡和石质边坡崩塌。当非稳定边坡的高度大于4m、坡度陡于1∶1.5时，宜采用削坡开级措施。根据岩性，削坡开级可分为土质坡面的削坡开级和石质坡面的削坡开级。土质坡面的削坡开级又分为直线形、折线形、阶梯形、大平台形四种型式。

（1）设计要点。① 土质削坡或石质削坡，应在距坡脚1m处修建排水沟。② 削坡开级后的土质坡面，应采取植物护坡措施。③ 在阶梯形的小平台和大平台形的大平台中，根据土质情况，因地制宜，种植草类、灌木、乔木。④ 在坡面实施削坡工程时，必须布置山坡截水沟、平台截水沟、急流槽、排水沟等截排水系统，防止削坡后坡面径流及坡面上方地表径流对坡面的冲刷。截排水工程设计与施工可参照国家标准《水土保持综合治理技术规范小型蓄排引水工程》（GB/T 16453.4—2008）。大型削坡开级工程还应考虑地震问题。截排水系统应符合下列要求：

a. 在坡面上方距开挖（或填筑）边缘线10m以外布置山坡截水沟工程。

b. 在阶梯形和大平台形削坡平台布置平台截水沟。

c. 顺削坡面或坡面两侧布置急流槽或明（暗）沟工程，平台截水沟中径流排至排水沟。

d. 在削坡坡脚布置排水沟，将急流槽中的洪水或径流排至河道（沟道），以及其他排水系统中。

（2）坡脚防护。削坡后因土质疏松而产生岩屑、碎石滑落或发生局部塌方的坡脚，应修筑挡土墙予以保护。无论是土质削坡还是石质削坡，都应在距坡脚1m处开挖排水沟，排水沟具体设计尺寸请参照国家标准《水土保持综合治理技术规范小型蓄排引水工程》（GB/T 16453.4—2008）。

（3）坡面防护。削坡开级后的坡面，应根据土质情况，采用植物护坡、工程护坡或综合护坡，护坡设计要求参照本章植物护坡、工程护坡和综合护坡。

3.1.1　土质坡面的削坡开级

土质坡面削坡开级工程设计应根据边坡的土质与暴雨径流条件，确定每一小平台的宽度与两平台间的高差，削坡后应采取植物护坡措施，因地制宜种植乔、灌、草。平台宽及两平台高差设计如表3-4所示。

表3-4　　平台宽及两平台高差设计标准

类型	型式	适用高度	平台宽度	两平台间高差
土质坡面	直线形	＜15m，结构紧密的均质土坡	—	—
		＜10m，非均质土坡		
	折线形	12～15m	—	—
	阶梯形	＞12m，结构较松散的均质土坡	1.5～2m	6～12m
		＞20m，结构较紧密的均质土坡		
	大平台形	＞30m，结构松散或8度以上高烈度地震的土坡	＞4m	6～12m，一般开在土坡中部

3.1.1.1　直线形削坡

直线形削坡是从上到下对边坡整体削坡（不开级），使边坡坡度减缓并成为具有同一坡度的稳定边坡的削坡方式。

（1）适用条件。其适用于高度小于 15m，结构紧密的均质土坡，或高度小于 10m 的非均质土坡。

（2）设计要点。① 削坡后的坡比不应大于 1∶1。② 对有松散夹层的土坡，其松散部分应采取加固措施。③ 在六盘山土石山区、黄土丘陵沟壑区降雨量多的地区，应根据边坡上游的汇水面积大小决定是否布设截水沟，截水沟的断面按照《宁夏暴雨洪水图集》计算，具体设计尺寸请参照国家标准《水土保持综合治理技术规范小型蓄排引水工程》(GB/T 16453.4—2008)。

（3）典型设计。直线形削坡设计如图 3-1 所示。

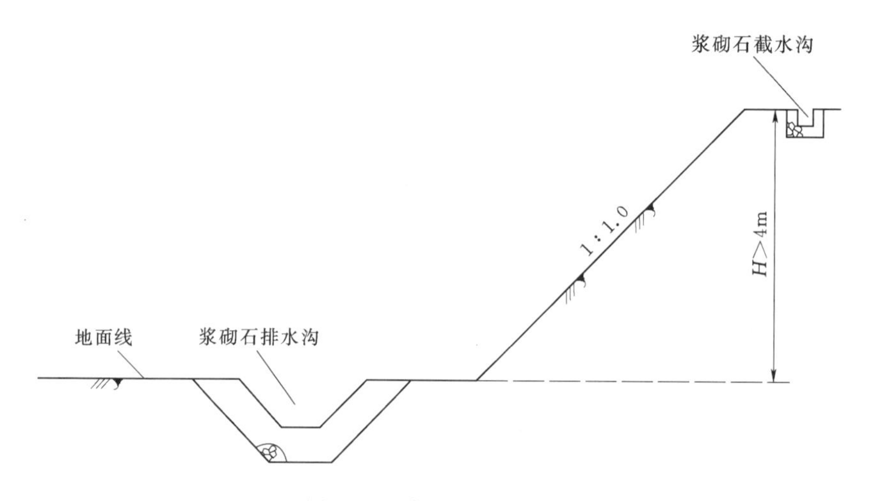

图 3-1　直线形削坡设计

（4）应用实例。土质坡面直线形削坡应用如图 3-2 所示。

图 3-2　直线形削坡应用实例

3.1.1.2 折线形削坡

折线形削坡是仅对边坡上部削坡，保持上部较缓，下部较陡，剖面呈折线形的一种削坡方式。

(1) 适用条件。其适用于高12～20m、结构比较松散的土坡，特别适用于上部结构较松散、下部结构较紧密的土坡。

(2) 设计要点。①削坡后的边坡一般应缓于1∶1.5。②上下部的高度和坡比，根据土坡高度与土质情况具体分析确定，以削坡后能保证稳定安全为原则。

(3) 典型设计。折线形削坡设计如图3-3所示。

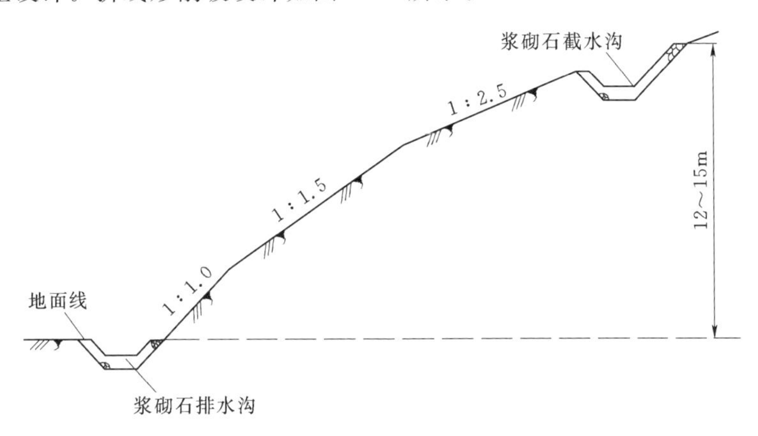

图3-3 折线形削坡设计

3.1.1.3 阶梯形削坡开级

阶梯形削坡开级是对非稳定边坡进行开级，使之成为台、坡相间分布的稳定边坡的削坡开级型式。

(1) 适用条件。其适用于高度12m以上，结构较松散，或高度20m以上，结构较紧密的均质土坡。

(2) 设计要点。① 每一阶小平台的宽度和两平台间的高差，根据当地土质与暴雨径流情况，具体研究确定。② 一般小平台宽1.5～2.0m，干旱、半干旱地区两平台间高差大些，湿润、半湿润地区两平台间高差小些。③ 对于陡直边坡，可先削坡然后再开级，开级后应保证边坡稳定，并能有效地减小水土流失。④ 六盘山土石山区、黄土丘陵沟壑区的湿润、半湿润地区，两平台高差小些；贺兰山土石山区、干旱草原区和黄河冲积平原区的干旱、半干旱地区，两平台间高差大些。

(3) 典型设计。阶梯形削坡开级设计如图3-4所示。

(4) 应用实例。阶梯形削坡开级应用如图3-5所示。

3.1.1.4 大平台形削坡开级

大平台形是削坡开级的特殊形式，一般开在土坡中部，宽4m以上，以达到稳定边坡的目的。亦可在削坡的基础上进行。

(1) 适用条件。适用于高度大于30m，结构松散或在8°以上高烈度地震区的土坡。

(2) 设计要点。平台的具体位置和尺寸，需要根据《建筑抗震设计规范》(GB

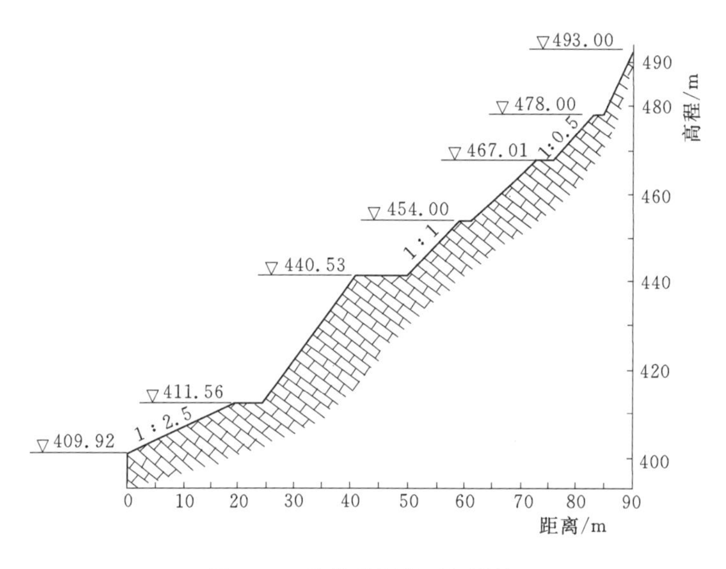

图 3-4　阶梯形削坡开级设计

图 3-5　阶梯形削坡开级应用实例

50011—2010）对土质边坡高度的限制分析确定，并对边坡进行稳定性验算。

（3）典型设计。大平台形削坡开级设计如图 3-6 所示。

3.1.2　石质坡面的削坡开级

石质坡面的削坡开级是削去石质边坡上方不稳定的坡体，减缓坡度，截短坡长，维持边坡稳定的护坡措施。

（1）适用条件。适用于坡面陡直或坡型呈凸型，荷载不平衡，或存在软弱夹层，且岩层走向沿坡体下倾的非稳定边坡。

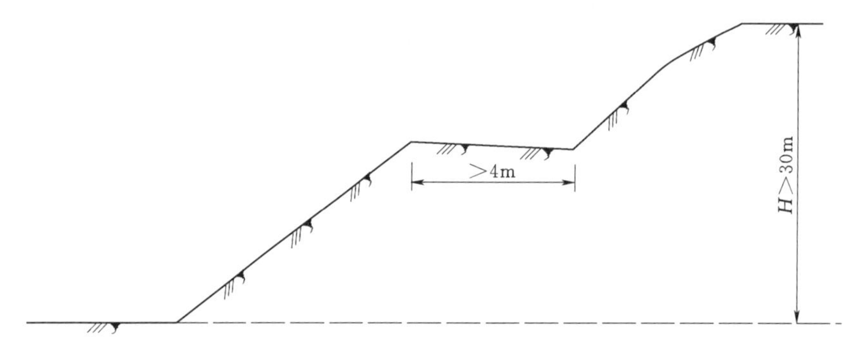

图 3-6　大平台形削坡开级设计

（2）设计要点。①除坡面石质坚硬、不易风化的边坡外，一般削坡后的坡比应小于1∶1。②石质边坡一般只削坡，不开级，但应留出齿槽，齿槽间距3～5m，齿槽宽度1～2m。在齿槽上修筑排水明沟和渗沟，深10～30cm，宽20～30cm。

3.2　工程护坡

对堆置固体废弃物或山体不稳定的地段，或坡脚易遭受水流冲刷的地方，应采取工程护坡，其具有保护边坡，防止风化、碎石崩落、崩塌、浅层小滑坡等功能。

工程护坡主要包括砌石护坡、混凝土护坡等形式。

3.2.1　砌石护坡

砌石护坡有浆砌石和干砌石两种形式，浆砌石护坡坚固，适宜于多种情况，但投资高；干砌石适用于易受冲刷、有地下水渗流的土质边坡，稳固性较差，但投资低。应根据不同条件分别选用。

3.2.1.1　浆砌石护坡

浆砌石护坡是采用砂浆与石料砌筑的砌石结构护坡形式。

（1）适用条件。坡比在1∶1～1∶2之间，或坡面可能遭受水流冲刷，且冲击力强的地段，宜采用浆砌石护坡。

（2）设计要点。设计要点主要包括以下五个方面：

1）石料质量要求。用于浆砌石护坡的石料有块石、毛石、粗料石等。所使用石料必须质地坚硬、新鲜、完整。

块石质量及尺寸应满足以下条件：上下两面平行，大致平整，无尖角、薄边，中部厚度大于20cm，块石用料要求质地坚硬，无风化，单块质量不小于25kg，最小边长不小于20cm。

毛石质量及尺寸应满足以下条件：不规则，无一定形状，块质量大于25kg，中部厚度大于15cm，质地坚硬，无风化。

粗料质量及尺寸应满足以下条件：棱角分明，六面大致平整，同一面最大高差宜为石料长度的1%～3%，石料长度宜大于50cm，块高度宜大于25cm，长厚比不宜大于3。

2）胶结材料。浆砌石的胶结材料为水泥砂浆，主要有M5水泥砂浆、M7.5水泥砂浆、M10水泥砂浆。砌筑砂浆配合比详见附表4。

胶结材料的配合比必须满足砌体设计强度等级的要求，工程实践常根据实际所用材料的试拌试验进行调整。

3）分缝、排水。沿墙线方向每隔10m设置缝宽为2～3cm的伸缩沉降缝，缝内填塞沥青麻絮、沥青木板等止水材料。为减少护坡水压力，增加护坡稳定性，应设置排水孔等排水设施。排水孔径5～10cm，间距2～3m，呈品字形布设，必要时可加密布置。泄水孔向外坡度为5°，出水口应高于地面200mm。为防止排水带走细小颗粒而发生管涌等渗漏破坏，应采取在水流入口管端包裹土工布的方式起反滤作用。

4）砌筑方法。浆砌石砌筑采用坐浆法，先铺砂浆再砌，无架空、通缝、叠砌现象，达到平整、稳定、密实、错缝及设计护坡厚度等要求。

5）技术要求。浆砌石坡面坡比一般在1∶1～1∶1.5之间，常用坡比为1∶1，局部情况1∶0.75，坡面平整、夯实。

在基础开砌前将基础表面泥土、石片及其他杂质清除干净。铺放第一层石块，石块大面需全部朝下并踩实。填放腹石，应根据石块自然形状交错放置，尽量减少块石间隙，然后将砂浆填进缝隙。在灰缝中尽量用小石块或碎石填塞以节约灰浆，挤入的小块石不得高于砌筑面。

根据情况考虑是否铺设反滤层，反滤层分为土工布和砂砾石两种。土工布铺设应自下游侧依次向上游侧进行。相邻土工织物拼接可采用搭接和缝接法，搭接宽度应不小于30cm，坡面应不小于50cm。砂砾石反滤层垫层厚度应不小于10cm，应视边坡情况和石料情况合理确定，垫层粒径应不大于50mm，含泥量小于5%，垫层应与砌石铺砌层配合砌筑，随铺随砌。

勾缝砂浆应比砌筑砂浆高一个标号等级，且要单独拌制。清缝要在砌体砌筑24h内进行，深度不小于缝宽的2倍。水泥砂浆砌石护坡勾缝形式最好采用凹缝，勾好的缝应比石料周边线略低2～3mm。勾缝完毕后，应对砌体进行养护，常用方法为塑料薄膜覆盖法。

（3）典型设计。浆砌石护坡典型设计如图3-7所示。

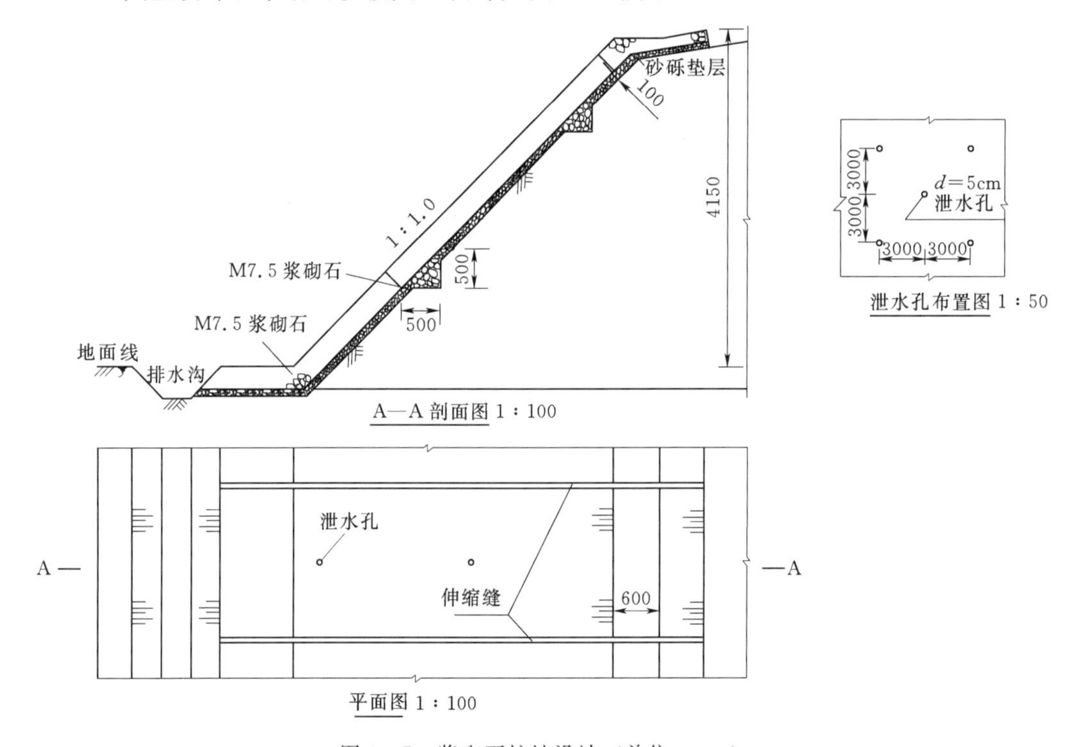

图3-7　浆砌石护坡设计（单位：mm）

沿墙线方向每隔10m设置缝宽为2～3cm的伸缩沉降缝。

排水孔采用PVC管，孔间距3m，呈品字形布设。

（4）应用实例。浆砌石护坡工程应用如图3－8所示。

3.2.1.2　干砌石护坡

干砌石护坡是采用无浆块石砌筑的砌石结构护坡形式。

（1）适用条件。适用条件主要包括以下五个方面：

1）不受主流冲刷河段，流速大于1.8m/s，或受主流冲刷河段、波浪作用强烈河段，流速小于4.0m/s时，可采用干砌石护坡。

图3－8　浆砌石护坡应用实例

2）边坡坡比为1∶2.5～1∶3，受水流冲刷较轻的土质或软质岩石坡面，宜采用单层干砌石或双层干砌石护坡。护坡厚度小于0.3m，用单层干砌石护坡；护坡厚度大于0.35m，用双层干砌石护坡。

3）沉降稳定的土石混合堆积体边坡，其坡面受水流冲刷较轻时可采用干砌石护坡。

4）干砌石护坡的坡度，应与防护对象的坡度一致，根据土体的结构性质而定，土质坚实的边坡护坡坡度可陡些，反之则应放缓。

5）干砌石护坡不宜用于有流冰的地区。

（2）设计要点。设计要点主要包括以下四个方面：

1）石料质量要求。用于干砌石护坡的石料有块石和毛石等。

用于干砌石护坡的块石质量及尺寸应满足以下条件：上下两面平行，大致平整，无尖角、薄边，块厚度大于20cm，面石用料要求质地坚硬，无风化，单块质量不小于面石用料，最小边长不小于最小边长。

用于干砌石护坡的毛石质量及尺寸应满足以下条件：质地坚硬，无风化，块质量大于20kg，中部厚度大于15cm。

2）护坡表层石块直径换算。根据《水工设计手册（第2版）》第3卷，工程护坡保持稳定的抗冲粒径计算如公式（3－1）所示：

$$d=\frac{v^2}{2gC^2\dfrac{\gamma_s-\gamma}{\gamma}} \tag{3-1}$$

式中　d——石块折算直径（按球形折算），m；

v——水流流速，m/s；

C——石块运动的稳定系数，水平底坡$C=0.9$，倾斜底坡$C=1.2$；

γ_s——石块的容重，kg/m^3；

γ——水的容重，kg/m^3。

3）砌筑方法。砌筑方法主要有以下两个：

平缝砌筑法：多用于干砌块石施工，砌筑时，石块水平分层砌筑，横向保持通缝，层间纵向缝应错开，避免纵缝相对，形成通缝。

花缝砌筑法：多用于干砌毛石施工，纵缝插花交错。

4）技术要求。技术要求主要包括以下四个方面：

①坡面整压。干砌石工程施工前，应对边坡坡面进行整治，保证边坡平整及稳定，符合干砌石护坡坡度要求。

②铺设反滤层。护坡和边坡土之间应铺设反滤层。铺设土工织物：土工布铺设应自下而上，下游侧应依次向上游侧进行。相邻土工织物拼接可采用搭接和缝接法，搭接宽度应不小于30cm，坡长应不小于50cm。砂石垫层铺设：砌石底部砂石垫层厚度应不小于10cm，应视边坡情况和石料情况合理确定，垫层粒径应不大于50mm，含泥量小于5%，垫层应与干砌石铺砌层配合砌筑，随铺随砌。

③基础布设。河岸采用干砌石护坡时，护坡基础应设于冲刷线以下，冲深小于1m时，基础采用干砌石；大于1m时，宜采用浆砌石或混凝土。

④砌体要求。干砌石砌体应紧靠密实，塞垫稳固，大块封边，表面平整。缝宽不大于1cm，严禁架空，大小石块牢固，尽量少用片石填塞，严禁出现缝口不紧、底部空虚、鼓肚凹腰、蜂窝石等缺陷。砌体外露面的坡顶和侧面，应选用较整齐的石块砌筑平整。明缝均应用小片石料填塞紧密。

（3）典型设计。干砌石护坡典型设计如图3-9所示。

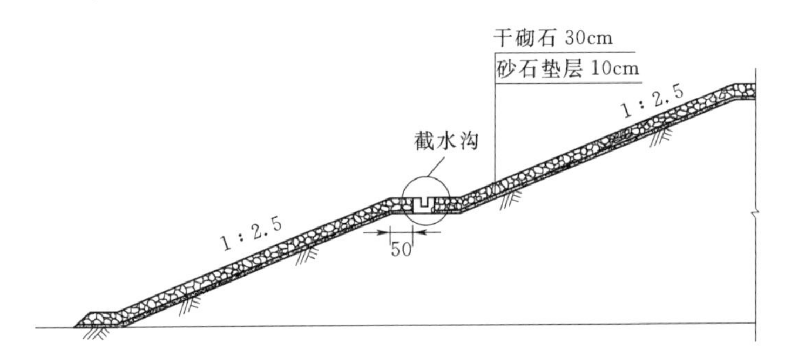

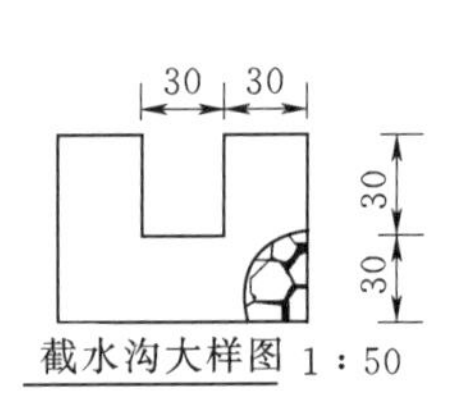

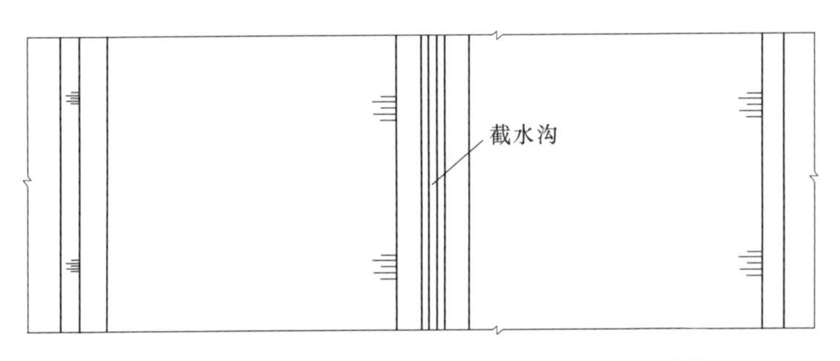

图3-9　干砌石护坡设计（单位：cm）

护坡与坡体之间设置以砂石为垫层的反滤层。

干砌石坡顶和底部外露部分应使用较大石块砌筑，同时增加砌筑宽度，使用混凝土抹面。

(4) 应用实例。干砌石护坡应用如图3-10所示。

图3-10　干砌石护坡应用实例（六盘山热电厂灰场干砌石护坡大坝电厂灰场护坡）

3.2.2　混凝土护坡

混凝土护坡是在边坡坡脚可能遭受强烈洪水冲刷的陡坡段及风化严重的石质坡面、城市周边或公路铁路等采取的工程护坡形式。

(1) 适用条件。混凝土护坡适用于边坡坡脚可能遭受强烈洪水冲刷的陡坡段。根据具体情况，可采用混凝土或钢筋混凝土护坡，必要时需要加固锚定。

(2) 设计要点。设计要点主要包括以下四个方面：

1) 混凝土强度等级。根据坡面可能遭受洪水冲刷的强烈程度选用不同的混凝土强度等级，一般是冲刷的强烈程度越严重，护坡的混凝土强度等级越高。常用的混凝土有C15、C20和C25等。混凝土配合比详见附表5。

2) 技术要求。边坡坡比为1∶1～1∶0.5，高度小于3m的坡面，采用混凝土块护坡，混凝土块长宽均为30～50cm，厚度12cm；边坡陡于1∶0.5的坡面，采用钢筋混凝土护坡，厚度12cm。

坡面有涌水现象时，用粗砂、碎石或砂砾等设置反滤层。涌水量较大时，修筑排水盲沟。盲沟在涌水处下端水平设置，宽度20～50cm，深度20～40cm。

3) 分缝。根据地形条件、气候条件、弃渣材料等，设置伸缩缝和沉降缝，防止因边坡不均匀沉陷和温度变化引起护坡裂缝。每隔8～10m设置一道缝宽2～3cm的伸缩沉降缝，缝内填塞沥青麻絮、胶泥等止水材料。

4) 排水。当弃渣体内水位较高时，应将渣体中出露的地下水以及由降水形成的渗透水流及时排除，有效降低弃渣体内水位，减少护坡水压力，增加护坡稳定性。应设置排水孔等排水设施，排水孔径5～10cm，间距2～3m。为防止排水带走细小颗粒而发生管涌等渗漏破坏，可在水流入口管端包裹土工布，反滤细小颗粒，以减小管涌等渗漏破坏。

(3) 典型设计。混凝土护坡典型设计如图3-11所示。

边坡为1∶1.0，高度小于3m的坡面，厚度12cm。

伸缩缝宽5cm，缝内填塞止水材料（沥青麻絮、沥青木板、聚氨酯、胶泥）。

(4) 应用实例。混凝土护坡应用如图3-12所示。

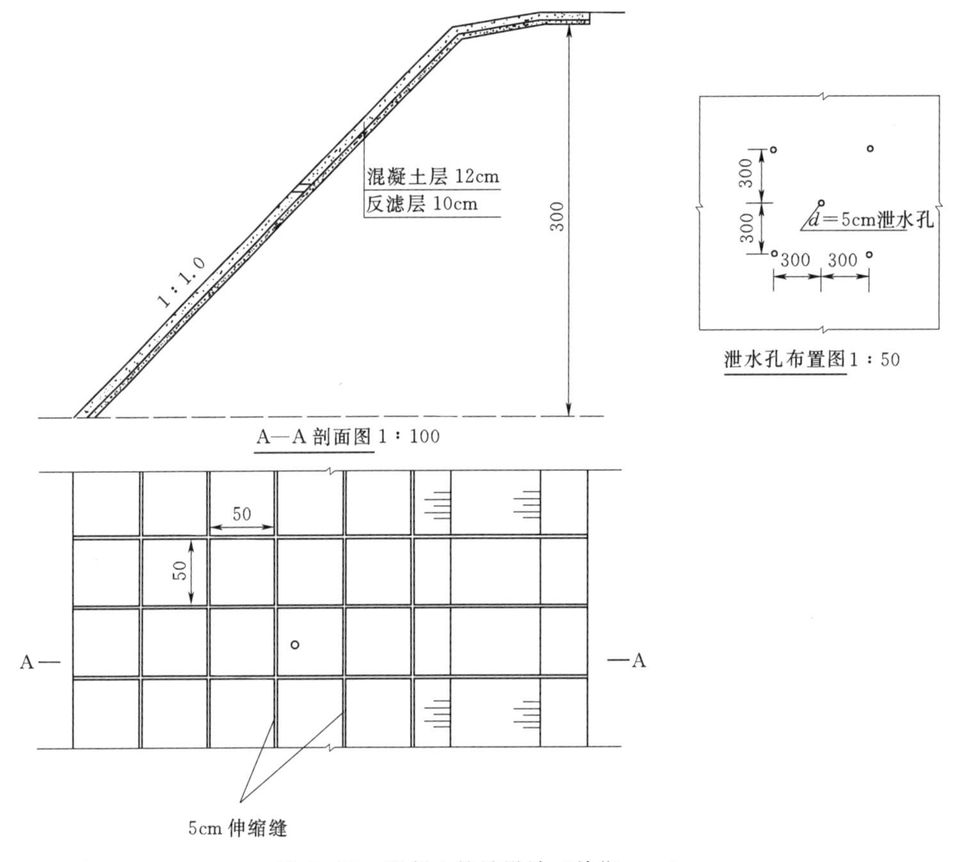

图 3－11　混凝土护坡设计（单位：cm）

图 3－12　混凝土护坡应用实例

3.3　植物护坡

植物护坡是指在较缓的土质或沙质坡面种植植物保持坡面稳定的护坡措施。植物护坡

适用于边坡缓于1∶1.5的土质或沙质坡面，应选取本地适生植物，植物护坡包括直播灌草护坡、生态植生带护坡、客土喷播护坡、土工格栅植灌草护坡和三维植被袋护坡等形式。

3.3.1　直播灌草护坡

直播灌草护坡是根据坡面土壤、养分、水分等条件将灌草种子按照设计播种量均匀播散到需要防护的坡面，使坡面迅速形成灌草覆盖的一种常见的坡面绿化防护技术。该技术可迅速形成植被覆盖，随着植物的生长，防治效果不断增强，并且施工简单易行。

（1）适用条件。①适用于滑雪场、垃圾填埋场和房地产开发等开发建设项目边坡，也可用于矿山堆弃物裸露坡面、临时堆土和施工场地的临时防护绿化。②适用于土质、土石质稳定填方边坡。③适用坡比缓于1∶2的边坡。

（2）设计要点。设计要点主要包括以下两个方面：

1）使用材料。①灌草种需当年植物种，应具有较强的抗旱、抗寒、耐贫瘠、抗病虫害等特性。②灌草种应根系发达、生长迅速，能在短期内覆盖坡面。③后期覆盖物可选用无纺布、草帘等。

2）施工要点。①整理坡面，清除浮石、树根、杂草，必要时对坡面进行土壤改良或客土。②对难发芽的植物种子进行浸种、变温等处理，按照设计播种量撒播，一般为5～40g/m^2，注意撒播均匀。③撒播后覆盖过2cm筛的种植土，厚度2～3cm，用小型人工镇压滚镇压保墒。④用无纺布进行覆盖防护，保水保墒，同时防止雨水或后期养护浇水冲刷坡面，带走植物种子。

3.3.2　生态植生带护坡

生态植生带护坡是把纤度为3～50丹尼尔的纤维无纺织成孔隙率达70%～90%的纤维棉，把灌草种子和其他生长所需养分定植在纤维棉内形成多功能绿化植生带，并将其用于边坡的生态护坡技术。该技术具有运输方便、操作简单、播种均匀、抗冲能力强和水土流失治理效果好等特点，可以在植生带中添加保水剂、肥料和土壤改良剂等，将土壤改良与植被建植一次完成。

（1）适用条件。①适用于城市景观河道、公路、铁路、矿山和电力等建设项目边坡。②适用于土质或泥岩边坡。③适用于坡比范围为1∶0.5～1∶3的边坡。

（2）设计要点。设计要点主要包括以下两个方面：

1）使用材料。植生带由针刺法和喷胶法生产，所需的原材料包括无纺布、高孔隙率纤维棉、种子、有机肥料和强化尼龙方格编制网等。

a. 纤维棉的单位面积质量为50g/cm^{2}左右，厚度为5～20mm，幅宽102cm，每卷50～200m。

b. 强化尼龙方格编制网，宽度为102～105cm。

c. 灌草植物种按适地适生选用根系发达、管理相对粗放的植物种合理混配。

d. 绿化辅料选用有机质、保水剂、溶岩剂和肥料按一定比例选配。

2）施工要点。清理场地内的石块、瓦砾、杂草和渣土等，在表层加入泥炭土、腐殖土或有机复合肥做底肥，以改善土质，提高肥力。自上而下铺设植生带，将相邻植生带重叠1～2cm，用U形铁丝卡或者直径15～20cm的小木桩按0.5～1.0m间距交错固定。植生带上均匀覆土1cm后平整碾压。

3.3.3　客土喷播护坡

客土喷播护坡是采用专用喷射机将土壤、肥料、有机质、保水剂、黏合剂和植物灌草种子等混合物按照设计厚度喷射到需要防护坡面的生态防护技术。该技术通过人工恢复植物生长所需的土壤层，使裸岩和土石坡面的植被恢复成为可能，具有综合性强、技术专业要求高等特点。

（1）适用条件。①适用于景观要求较高的公路、铁路和矿山等开发建设项目边坡。②适用于开挖的石质裸岩和土石稳定边坡。③适用边坡坡比1∶0.75～1∶1。

（2）设计要点。设计要点主要包括以下两个方面：

1）使用材料。核心植生基材根据坡面立地条件由有机纤维、保水剂、黏合剂、缓效氮肥和土壤改良剂等按照一定比例混合而成。种植土最好选用项目区附近地表土，经粉碎、风干、过8mm筛。根据工程所在项目区气候、土壤及周边植物等情况确定植物种子的选配及单位面积播种量，一般取5～40g/m^2。对于坡面纵向受力强度大的需要采用双向土工格栅网。锚杆一般采用螺纹钢，主锚杆长1000mm、直径10mm，副锚杆长600mm、直径8mm。根据坡面风化程度和稳定情况调整锚杆长度、直径。专用机械设备主要有空压机、喷射机和风镐。表层覆盖材料采用无纺布和草帘等。

2）施工要点。施工前对坡面浮石或不稳定岩石进行清除，利于绿化基材与岩石坡面有效结合。对上游有较大汇水面的边坡设置完善排水系统，防止雨季上游来水对坡面的冲刷。就近选择合适的取土场地、材料拌和场地，并确定施工用水、用电方案，做好雨季施工防护措施。钻孔按设计布置孔位，用风钻凿孔，孔眼方向与坡面垂直，采用水泥砂浆固定锚杆，一般锚杆外露12cm。土工格栅网按照设计要求自上而下铺设，网应张拉紧，网间搭接宽度不小于5cm，第一层土工网与坡面、两层土工网之间的距离严格按照设计要求。基材喷射时尽可能自上而下、正面进行，避免仰喷；基材喷射分两次进行，先喷射不含种子的基材混合物，后喷射含种子的基材混合物，基材喷射厚度严格按照设计要求。应尽量避免雨天喷射施工，如果喷射作业几小时内遇降雨必须做好防护措施，防止基材流失。种子喷附结束后，进行表层覆盖防护。施工作业中，相邻作业人员注意保持水平作业，保证作业安全，并做好坡顶和坡脚施工安全巡查。

3.3.4　土工格栅植灌草护坡

土工格栅植灌草护坡是指利用土工格栅作为固土材料，并以灌木及草本植物为主在坡面上构建植物群落，以利于坡面防护和绿化的一项技术措施。该技术具有抗冲性好、成本低和施工方便等特点。

（1）适用条件。①适用于公路和城市河道常水位以上边坡。②适用于各类稳定土质边坡。③适用于坡比缓于1∶1.5的边坡，每级坡长不超过10m。

（2）设计要点。设计要点主要包括以下两个方面：

1）使用材料。选择方形孔状结构的双向拉伸土工格栅（GSL）作为护坡材料。土工格栅的网孔尺寸一般不小于40mm×40mm，每延米极限抗拉强度不小于30kN/m，延伸率不大于10%。根据项目区气候条件和土壤情况，选择抗性强和根系发达的植物种类。采用混播的形式，以利于形成坡面稳定植物群落。

2）施工要点。施工应在春季、夏季或秋季进行，尽量避开雨天。土工格栅下承层平整度小于15mm，表面严禁有可能损坏格栅的碎石和块石等坚硬凸出物。土工格栅铺设应拉直、平顺、紧贴下承层，相邻两幅土工格栅叠合宽度不小于10cm，搭接位置用U型钉固定，间距1m，坡顶固定间距为50cm。地形局部有变化处应注意保持格栅平整，并增加U型钉密度。U型钉用直径8mm以上钢筋制作。土工格栅在坡面铺设后，坡顶和坡脚必须锚固。坡顶锚固可采取挖槽嵌固或深埋的方式，坡脚锚固可采取压于护脚下或深埋的方式。为避免长时间曝晒，土工格栅材料摊铺到位后应及时覆土植种，覆土厚度约为8～10cm。

灌草种植时以播种为宜，播种后表面应加盖无纺布或稻草、草片等。

（3）典型设计。土工格栅植灌草护坡设计如图3-13所示。

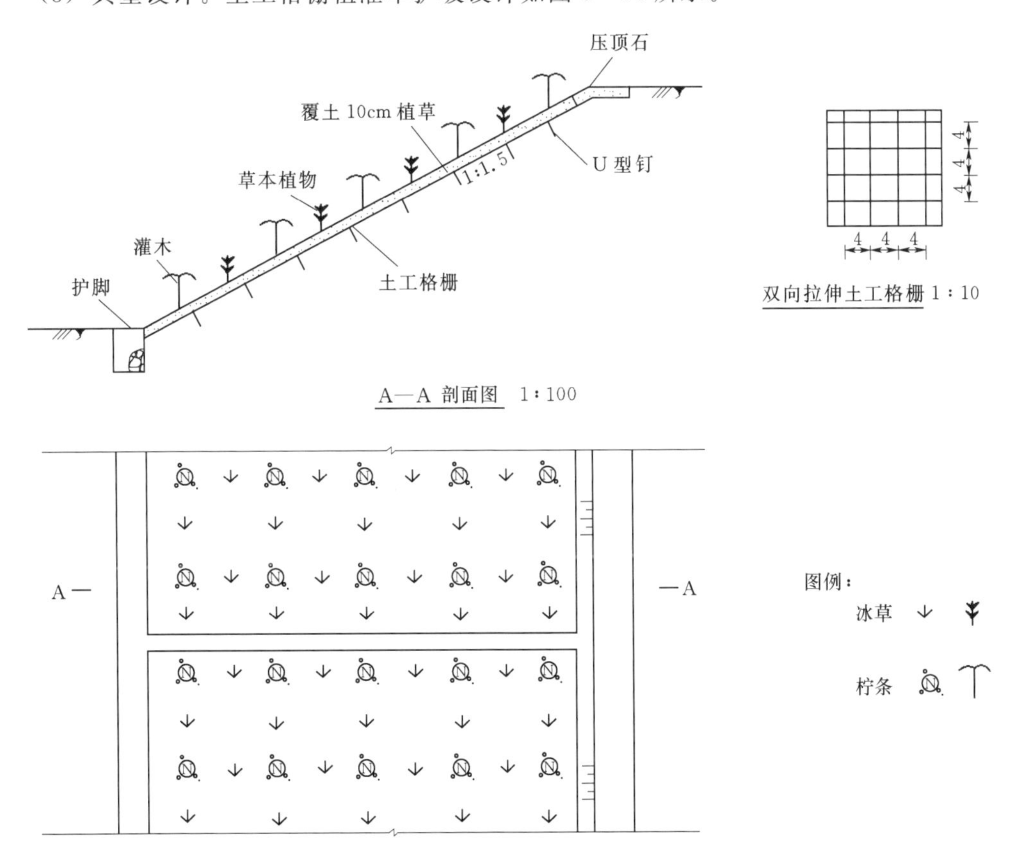

图3-13　土工格栅植灌草护坡设计（单位：cm）

（4）应用实例。土工格栅植灌草护坡应用如图3-14所示。

图 3-14　土工格栅植灌草护坡应用实例

3.3.5　三维植被袋护坡

三维植被袋护坡是指将三维金属网格的维固能力和植被袋植物培育能力相结合的一种植被护坡技术。该技术能为植物生长创造良好的环境条件，在绿化初期能有效地防止坡面土壤侵蚀，可实现坡面快速绿化。

（1）适用条件。① 适用于难以恢复植被且对生态景观要求较高的公路路堑、铁路路堑、城镇建设等开发建设项目开挖边坡。② 适用于土质、土石、岩石稳定边坡。③ 适用于坡比缓于 1∶1～1∶1.5 边坡。

（2）设计要点。设计要点主要包括以下两个方面：

1）使用材料。三维金属网选用直径 5mm 铁丝，高度 45cm，围挡网格大小为 1.0m×1.0m，三维网高度和围挡网格大小也可根据坡面实际情况进行调整。在网格交叉处，用直径 12mm 螺纹钢进行固定，单根钢筋长不小于 50cm。金属网最好采用不锈钢材料，防止长期使用生锈。植被袋内填充土壤、肥料等混合物，按一定比例配置，植被袋填充后尺寸一般为 55cm×30cm×20cm。植物种选择适应性强的乡土物种，一般选乔木 1～2 种，灌木 2～3 种，草本 2～3 种。

2）施工要点。施工要点主要包括以下五点：

①放线。施工前平整坡面，按设计要求放线。

②钻孔。在边坡上用风钻钻孔，孔距 100cm×100cm，孔深 30cm，孔径 15mm，插入直径 12mm 的螺纹钢，用注浆机注入 1∶1 膨胀水泥砂浆固定锚杆。

③挂网。在锚杆上固定三维金属网，网高出地面不小于 25cm。

④植被袋码放。从下往上按顺序在网格内平铺码放植被袋，为了使坡面与植被袋间不产生空隙，应用黏土填充。植被袋顶面低于三维金属网上沿。

⑤上层三维金属网铺设。植被袋码放完成后，其上再铺设一层三维金属网，并用火烧丝捆绑固定，防止植被袋滑落。

3.4 综合护坡

综合护坡工程是将植被防护技术与工程防护技术有机结合起来，实现共同防护的一种护坡方法，通常采用干砌石、浆砌石、混凝土等形成框格骨架，或采用格宾、混凝土连锁砌块、预制高强混凝土块等铺面做成护垫，然后在框格内、护垫表面植草或栽植藤本植物。其特点是可充分发挥植物防护与工程防护的优点，取长补短，施工简单，速度快，投资省，效果好。

根据工程防护所需材料的不同，主要分为框格（干砌石、浆砌石、混凝土等）护坡、格宾护坡、联锁式护坡等综合护坡形式。

3.4.1 框格护坡

框格护坡主要是在人工开挖的软质土边坡面上，按方形、菱形、人字形、弧形采用干砌石、浆砌石、混凝土等材料形成骨架，框格内可用挂网（钢筋网、铁丝网、土工网）、植草等进行防护，以减少地表水对坡面的冲刷，减少水土流失，从而达到护坡和保护环境的目的。

3.4.1.1 干砌石骨架生态护坡

干砌石骨架生态护坡就是在坡面采用无浆块石砌体砌筑骨架，然后在框架内回填客土植草的措施。

（1）适用条件。常用坡比1∶1～1∶1.5，高度小于4m的土质边坡、强风化岩质边坡或坡面有涌水的坡段，坡比超过1∶1时慎用，干旱、半干旱地区应保证养护用水的持续供给。

（2）设计要点。设计要点主要包括以下三个方面：

1）砌筑选材。干砌石石块应材质坚实新鲜、无风化剥落层或裂纹，石材表面无污垢、水锈等杂质。块石应大致方正，上下面大致平整，无尖角，石料的尖锐边角应凿去。所有垂直于外露面的镶面石的表面凹陷深度不得大于20mm。石料最小尺寸不宜小于50cm。

2）砌筑要求。砌筑要求主要包括以下四点：

①平整。砌体的外露面应平顺和整齐。要求块石大面朝外，其外缘与设计坝坡线误差不超过±10cm。

②稳定。石块的安置必须自身稳定。

③密实。砌体以大石为主，选型配砌，必要时可以小石搭配，干砌石应相互卡紧。

④错缝。同一砌层内相邻的及上下相邻的砌石应错缝。

3）绿化施工。在框格内回填客土，选择适地适生的草种种植。

（3）典型设计。干砌石骨架生态护坡设计如图3-15所示。砌筑片石条带前，应按设计要求在每条砌石的起点放控制桩，挂线放样，然后开挖砌石沟槽，其尺寸根据砌石条带尺寸而定。同一砌石条带应处在同一高度，条带间距2.0m，砌石宽度30cm。

（4）应用实例。干砌石骨架生态护坡应用如图3-16所示。

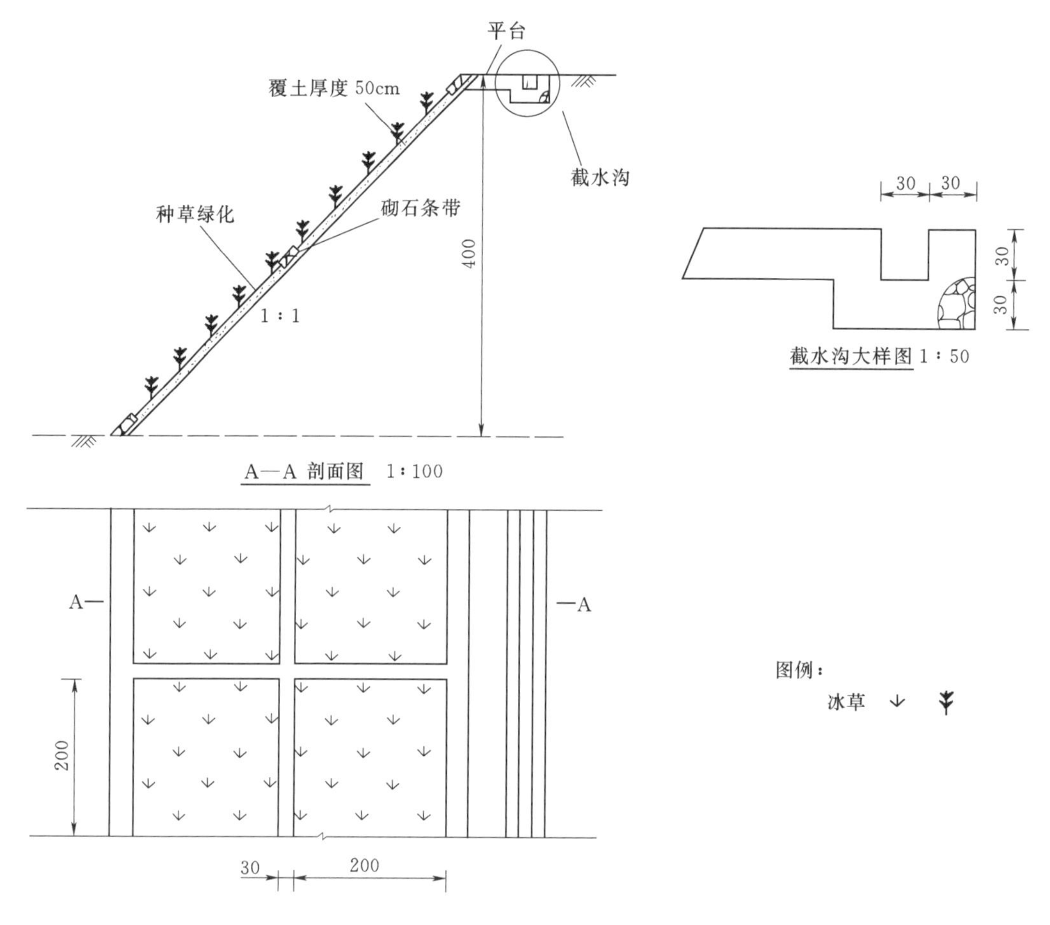

图 3-15　干砌石骨架生态护坡设计（单位：cm）

图 3-16　干砌石骨架生态护坡实例

3.4.1.2　浆砌石骨架生态护坡

浆砌石骨架生态护坡是指采用浆砌片石或空心砖在坡面形成框架，结合铺草皮、喷播

植草、栽植苗木等方法形成的一种护坡技术。浆砌片石骨架根据形状的不同，可以分为方格形、菱形、拱形和人字形等。

（1）适用条件。适用条件主要包括以下两个方面：

1）应用地区。各地区均可应用，但在干旱、半干旱地区应保证养护用水的持续供给。

2）边坡状况。边坡状况主要包括以下四点：

①类型。各类土质边坡均可应用，强风化岩质边坡亦可应用，路堤、路堑边坡均可应用。

②坡比。常用坡比1∶1～1∶1.5，坡比超过1∶1时慎用。

③坡高。每级高度不超过10m。

④稳定性。深层稳定边坡。

（2）设计要点。设计要点主要包括以下五个方面：

1）选用材料。材料的选用应注意以下四个方面：

①石料。砌石材质应坚实新鲜，无风化剥落层或裂纹。石材表面无污垢、水锈等杂质，用于表面的石材应色泽均匀。石料容重应大于25kg/m^3，抗压强度应大于100MPa。石料外形规格：毛石应成块状，最小质量不小于25kg。规格小于要求的毛石，可以用于塞缝，但其用量不得超过该处砌体质量的10%。料石应棱角分明，各面平整，其长度应大于30cm，最小边厚度应大于20cm，料石外露面应修凿加工，砌面高差应小于5mm。

②砂。砂料用砂料场的优质砂，现场验收。质量要求同混凝土用砂。

③水泥和水。拌制砂浆的水泥采用袋装水泥，搅拌用水采用自打井的地下水。水泥和水必须符合《水工混凝土施工规范》（SL 677—2014）的要求。

④砂浆。砂浆的配合比必须满足施工图纸规定的强度和施工易性要求，配合比必须通过实验确定。施工中需要改变胶凝材料的配合比时，应重新实验。

2）砌筑片石骨架前，应按设计要求在每条骨架的起点放控制桩，挂线放样，然后开挖骨架沟槽，其尺寸根据骨架尺寸而定。

3）采用M5水泥砂浆就地雍筑片石。砌筑骨架时应先砌筑骨架衔接处，再砌筑其他部分骨架，两骨架衔接处应处在同一高度。

4）骨架的断面形式为L形，用以分流坡面径流水，骨架与边坡水平线成45°，左右互相垂直铺设，方格间距3～5m；在骨架底部、顶部和两侧范围内，应用M5水泥砂浆砌片石镶边加固。施工时应自下而上逐条砌筑骨架，骨架应与边坡密贴，骨架流水面应与草皮表面平顺。

5）回填客土。片石骨架砌好后，即填充改良客土，充填时要使用振动板使之密实，靠近表面时用潮湿的黏土回填，并种植草、乔木、灌木。

（3）典型设计。浆砌石拱形骨架护坡设计如图3-17所示。拱形骨架拱高为3.5m，拱径为2m，浆砌石截面图宽30cm，厚50cm。

（4）应用实例。浆砌石拱形骨架护坡应用如图3-18所示。

3.4.1.3　现浇混凝土骨架生态护坡

现浇混凝土骨架生态护坡就是将特定的混凝土基材按一定比例配制好后，在坡面上浇筑骨架，在骨架内覆土种草，从而对坡体进行植被修复和生态防护的新技术。

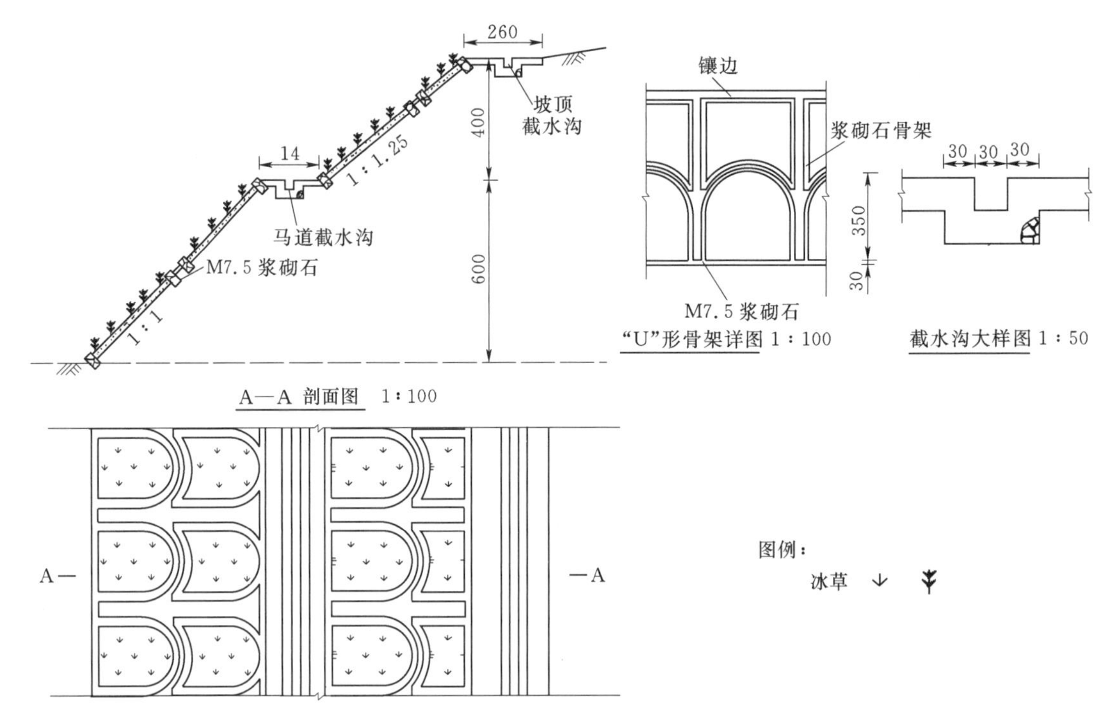

图 3-17　浆砌石拱形骨架护坡设计（单位：cm）

(a) 银西高速公路填方边坡

(b) 太中银 G211 国道道路边坡

图 3-18　浆砌石拱形骨架护坡应用实例

(1) 适用条件。现浇混凝土生态护坡技术主要适用于对各类型无潜在地质隐患的硬质边坡、坡度大于 45°的高陡边坡及受水流冲刷较为严重的坡体。

(2) 设计要点。设计要点主要包括以下两个方面：

1) 选用材料。材料选用主要包括以下八个方面：

①铁丝网一般可选择 14 号镀锌（包塑）活络铁丝网，网孔 5cm×5cm。

②锚钉（杆）采用 ϕ12～20mm 螺纹钢，其具体型号及长度可根据边坡地形、地貌及地质条件设计确定。

③砂壤土最好选用工程所在地原有的地表土经干燥粉碎过筛而成，要求土壤中砂粒含

量不超过5%，最大粒径小于8mm，含水量不超过20%。

④水泥一般采用P32.5普通硅酸盐水泥，也可根据实际情况选用其他标号水泥。

⑤有机质一般采用酒糟、醋渣或新鲜有机质（稻壳、秸秆、树枝）的粉碎物，其中新鲜有机质的粉碎物在基材配置前应进行发酵处理。

⑥选用合适的植被混凝土绿化添加剂。

⑦植物种子应综合考虑地质、地形、植被环境、气候等条件，选择搭配冷暖两型多年生混合种子，并可以考虑适当配置当地可喷植草种。

⑧覆盖材料视情况采用无纺布、遮阳网及其他材料进行覆盖保墒。

2）技术要点。植被混凝土采用挂网加筋结合土壤基材与种子导入方式，建成的植被及土壤中的含水泥添加物，能有效地防御暴雨与径流冲刷，在太阳暴晒及温度变化的情况下基材稳定性好，不产生龟裂，在达到边坡生态复绿的同时具备显著的浅层固坡防护作用。植被混凝土技术的核心组分是绿化添加剂，它能有效调节基材pH值，降低水化热，增加基材孔隙率，改变基材变形特性，建立土壤微生物和有机菌繁殖环境，加速基材的活化，提高基材的保水保肥及水肥缓释性能。

（3）典型设计。混凝土菱形骨架护坡设计如图3-19和图3-20所示。菱形骨架尺寸为1m×1m，骨架材料为混凝土，宽度为10cm，厚度为30cm。

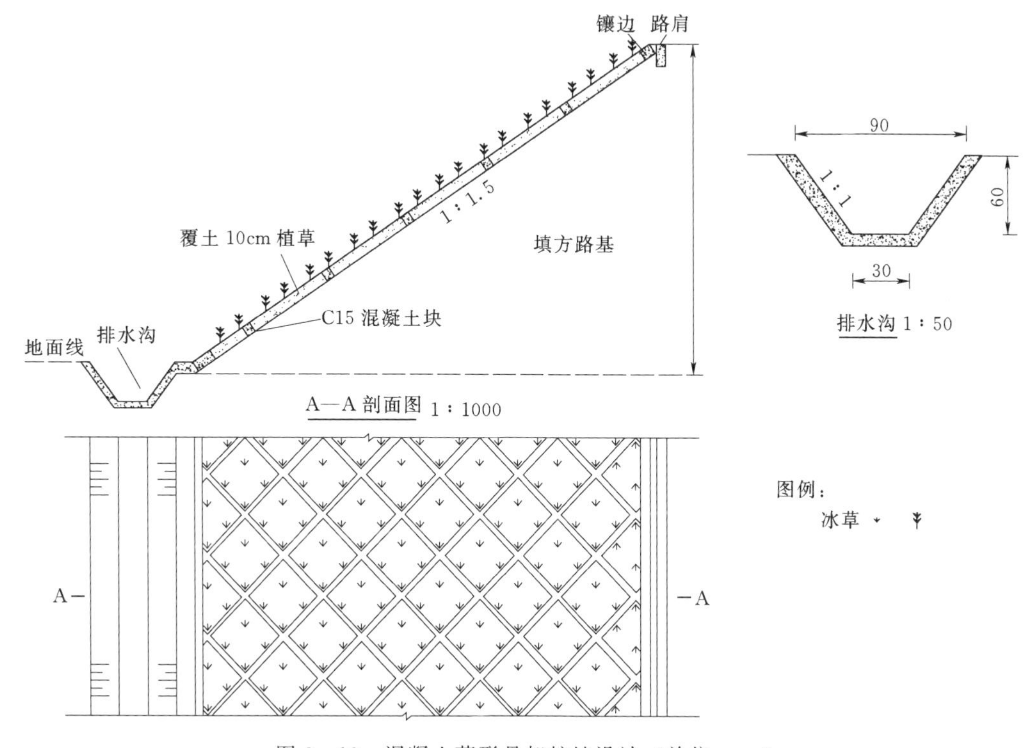

图3-19 混凝土菱形骨架护坡设计（单位：cm）

（4）应用实例。混凝土骨架护坡应用如图3-21所示。

3.4.1.4 预制混凝土骨架护坡

预制混凝土骨架护坡，主要是指在人工开挖或者填筑的软质边坡面上，直接铺装混凝

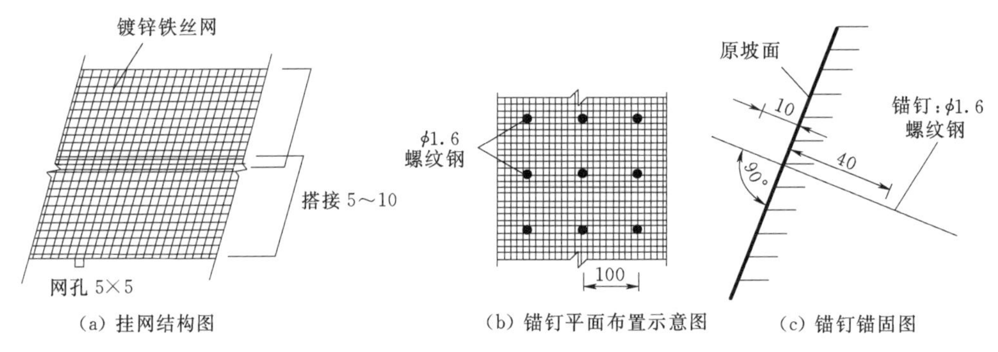

(a) 挂网结构图　　(b) 锚钉平面布置示意图　　(c) 锚钉锚固图

图 3-20　植被混凝土生态护坡锚固及挂网设计（单位：cm）

(a) 王洼煤矿填方边坡

(b) 银西高速公路填方边坡

图 3-21　混凝土菱形骨架护坡应用实例

土预制块进行护坡，在预制块预留的孔格中植草进行绿化。

(1) 适用条件。①常用于公路、库滨带、矿山修复、流速小于 4m/s 的河道整治等边坡防护。②多用于土质、土石边坡。③边坡坡比缓于 1∶1，每级坡面高度不超过 10m。

(2) 设计要点。①选用材料。混凝土预制块、级配砂石，本地适生草种。②使用坡面坡比在 1∶1～1∶2 之间，常用坡比在 1∶1.5 以内。③边坡高度小于 6m。④边坡顶部用钢筋混凝土或浆砌石做顶板进行加固。

3.4.1.5 生态砖护坡

生态砖护坡是在修整好的边坡坡面上拼铺生态砖，连接固定后，在砖框内填充种植土进行植被恢复的边坡防护技术。该技术适合不同坡度的高陡边坡防护，具有增强边坡稳定性、绿化美化环境的效果。

(1) 适用条件。① 适用于公路、水库、矿山、流速小于 5m/s 的河道整治等边坡。② 适用于土质、土石边坡。③ 适用边坡坡比缓于 1∶1，每级边坡坡长不超过 10m。

(2) 设计要点。① 根据设计坡比从下至上码放生态砖，不同坡度要求将上下相邻两块砖体的相应孔眼对齐，采用钢钎连接固定，直至最上层生态砖铺设完成。② 在生态砖内填充种植土，土层表面略低于砖体表面。③ 铺填种植土后在生态砖内种植草本、灌木或攀援植物。④ 做好后期管护工作，根据植物生长情况和水肥条件，合理浇水施肥，直

至植被基本覆盖。

(3) 典型设计。生态砖护坡设计如图3-22所示。生态砖码放时从下向上，将上下相邻两块砖体的相应孔眼对齐，采用钢钎连接。在生态砖内填充种植土，土层表面略低于砖体表面。

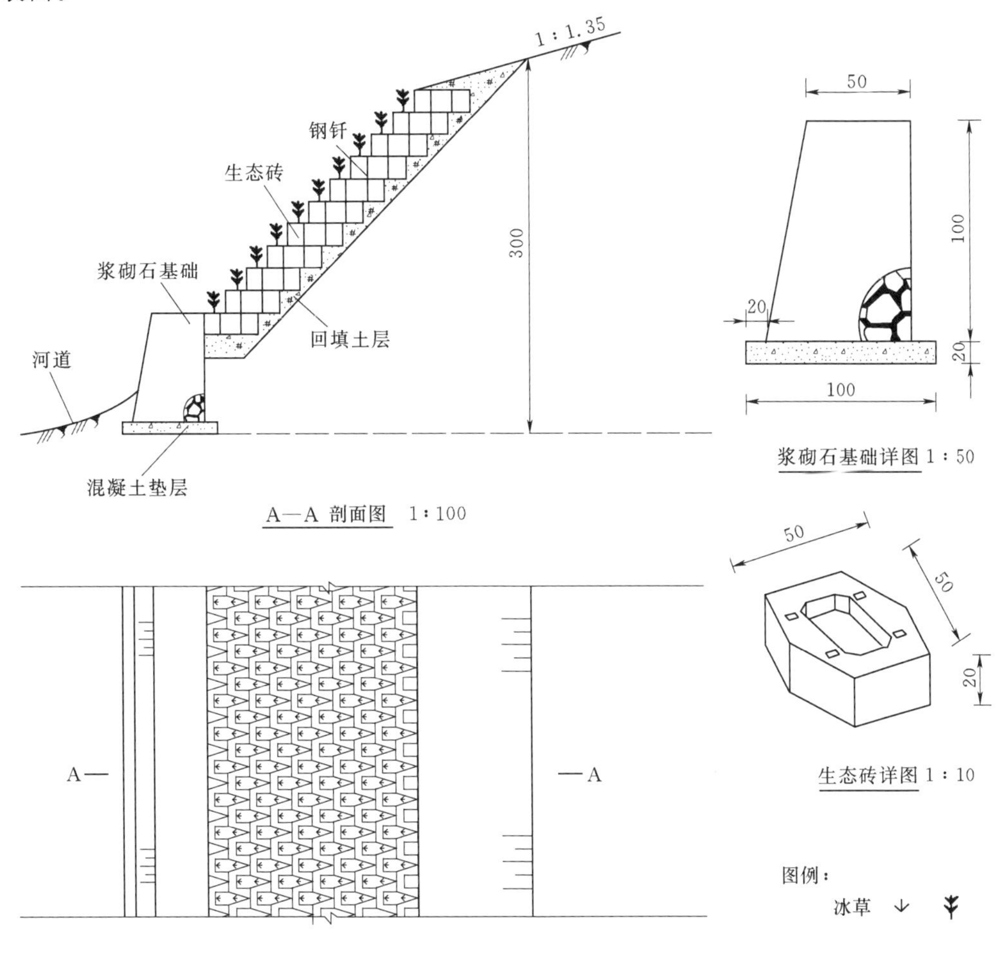

图3-22 生态砖护坡设计（单位：cm）

(4) 应用实例。生态砖护坡应用如图3-23所示。

3.4.1.6 生态袋绿化护坡

生态袋是指由聚丙烯（PP）或者聚酯纤维（PET）为原材料制成的双面熨烫针刺无纺布加工而成的袋子，生态袋绿化护坡是指在生态袋装填充物（土壤与营养成分混合物），表层缝合种子，堆砌护坡的方式。

(1) 适用条件。① 常用于公路、铁路、河道整治、市政、房地产等建设项目，以及景观要求较高的边坡。② 适用于石质边坡。③ 适用于5m/s以下水流岸坡防护，外边坡坡角小于80°。④ 可以和传统结构相结合。如基础采用钢筋石笼结构或浆砌石护坡结构，墙体采用生态加筋挡土墙，或在刚性结构的框格内护砌生态边坡。

(2) 设计要点。① 选用材料：生态袋等。② 主要构件有三维排水联结扣、扎口带、

图 3-23　生态砖护坡应用实例

生态锚杆、加筋格栅。③ 施工时就近取土，生态袋以品字形码放，由三维排水联结扣相互紧锁；可根据坡面稳定及实际情况，使用生态锚杆和加筋。④ 用于水利工程方面的护坡结构，一般在湿陷部位时，通常要求对基础有很好的适用性，有较好的排滤水性，同时在变形后有较好的适应能力。⑤ 高度 2.5m 以下的水岸边坡，可以不加筋格栅，采用重力式生态等效挡土墙加厚结构即可，再进行植被覆盖。重力或生态袋挡土墙设计如图 3-24 所示。⑥ 加筋挡土墙的设计可参照相关计算规范。一般来说，加筋格栅层距为 0.4～0.6m（近水部位），宽度为 0.7～1.1 倍墙高，规格一般不超过 3 种。⑦ 可以在生态袋表面采用喷播草种、直接铺种草皮、压种枝条绿化等措施恢复植被。

（3）典型设计。图 3-24 所示即为重力式生态袋挡土墙的典型设计。

（4）应用实例。生态袋挡土绿化护坡应用如图 3-25 所示。

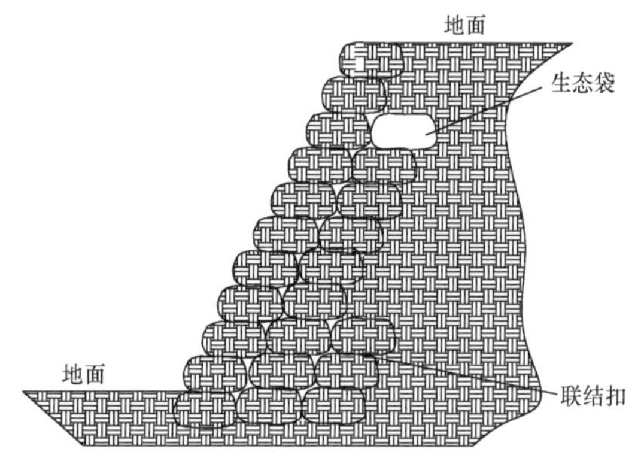

图 3-24　重力式生态袋挡土墙设计

图 3-25　生态袋挡土绿化护坡应用实例

3.4.2　格宾护坡

格宾护坡采用专业设备将低碳钢丝编制成六边形双绞合金属网面，进而将金属网面制作成箱体结构，并在其内填充符合既定要求的块石或鹅卵石，来达到冲刷防护的目的。与传统护坡结构相比，格宾护坡具有安全、耐久、组装和施工便捷、高效和环保等性能。

（1）适用条件。格宾护坡主要用于受水流冲刷或淘刷的边坡或坡脚，挡墙、护坡的基础以及对受水影响的库内渣场边坡；宜用于较陡边坡，其他固坡措施较难施工且有绿化要求的边坡，或经常浸水且水流方向较平顺的景观河床的路基边坡等。

格宾护坡不受季节性限制，对于季节性浸水或长期浸水的边坡均可适用，并可在填筑体沉降完成之前施工。适用于渣场附近石料丰富或沿河废石较多的河道护坡绿化。拟防护的边坡坡体本身必须稳定，格宾护垫需加木桩或土钉加以固定。

土质边坡一般不陡于1：1.6，土石边坡一般不陡于1：1.5，砂质土坡不陡于1：2，松散堆体边坡宜缓于1：2。

（2）设计要点。设计要点主要包括以下六个方面：

1）遵照国际标准EN 10223－3，格宾石笼护垫的结构是由双绞合尺寸为6cm×8cm、9cm×9cm的六边形金属网络构成，网络容许公差－4%～16%，网面机械强度为35kN/m。

2）根据格宾护垫的技术参数，常用格宾护垫的厚度为17cm、23cm、30cm等，规格为M6（5、4）×2×0.17（0.23、0.30），即长6m、5m或4m，宽2m，高度0.17m、0.23m或0.30m，内部每隔1m采用隔板隔成独立的单元，长度、宽度公差±3%，高度公差±2.5%；格宾护垫为一次成型生产，除盖板外，边板、端板、隔板及底板间不可分割。

3）用于生产格宾护垫的为镀锌、镀5%铝锌合金、镀10%铝锌合金镀层的钢丝，其技术要求如下：

抗拉强度。用于生产格宾石笼护垫和绞合钢丝必须按照国际标准EN 10223—3，抗拉强度达到350～500N/mm^2，钢丝的公差必须符合国际标准EN 10218。

延伸率。按照国际标准EN 10223－3，延伸率不能低于10%。

镀层质量。按照国际标准EN 10224—2的最低上镀层质量选用，常见的选用标准如表3－5所示。

表3－5　　最低上镀层质量表

名称钢丝直径/mm	公差/mm	最底镀层质量/(g/m^2)
绞边钢丝2.20	0.06	215
网格钢丝2.00	0.05	215
边端钢丝2.70	0.06	245

4）填料，不同地域使用材料类别不同，常见的有鹅卵石、片石、碎石砂、沙砂（土）石，可根据工程类别和当地情况制订填充方案。一般填料按格宾网孔大小的倍数1：1或1：2选择，片石可分层人工填充，添加20%碎石或砂砾（土）进行密实填充，严禁使用锈石和风化石。石料粒径7～15cm，d_{50}为12cm，在不放置在石笼表面的前提下，大小可以有5%的变化，超大的石块尺寸必须满足不妨碍用不同大小的石块在石笼内至少填充两层的要求。在特殊地区，选用黄土或砂砾土应用透水土工布包裹，不得填入淤泥、垃圾和影响固结性的土壤。填料必须按试验标准、设计要求及工程类别而定，在填充时应尽量不损坏石笼上的镀层。

5）设计要求。设计要求主要包括三点：

①确定坡脚处格宾护垫水平铺设长度。格宾护垫在坡脚处水平铺设长度主要与坡脚处的最大冲刷深度和格宾护垫沿坡面的抗滑稳定性两个因素有关，即水平段的铺设长度应大于或等于坡脚处最大冲刷深度的1.5～2.0倍，并满足格宾护垫沿坡面的抗滑稳定系数$F_S \geqslant 1.5$的要求，以上两个数值中取大者作为水平段的铺设长度。

②坡脚处冲刷深度计算，详见《堤防工程设计规范》（GB 50286—2013）。

③格宾护垫抗滑稳定性分析。平铺型格宾护坡不允许在自重的作用下沿坡面发生滑动，并要求抗滑安全系数$F_S \geqslant 1.5$，F_S可根据静力平衡条件按公式计算。

相关计算如公式（3-2）～公式（3-5）所示。

$$F_S=\frac{R}{T}=\frac{L_1+L_2\cos\alpha+L_3}{L_2\sin\alpha}f_{cs}\geqslant 1.5 \tag{3-2}$$

$$\cos\alpha=m/\sqrt{1+m^2} \tag{3-3}$$

$$\sin\alpha=1/\sqrt{1+m^2} \tag{3-4}$$

$$f_{cs}=\tan\varphi \tag{3-5}$$

式中　R、T——格宾护垫沿坡面的抗滑力与滑动力，kN/m；

L_1、L_2、L_3——格宾护坡的长度，m；

α——岸坡角度，(°)；

m——岸坡坡比；

f_{cs}——格宾护垫与边坡之间的摩擦系数；

φ——坡土的内摩擦角，(°)。

当格宾护垫下部铺设土工布时，建议将此摩擦系数f_{cs}减少20%。通过上述两种情况的计算，选用数值大者作为护脚长度。

需要说明的是，在水流流速不大的情况下，格宾护垫水平段平铺长度由其抗滑稳定性决定，且其计算长度相对较大，相对于采用固脚（箱形或梯形结构）抗滑不经济，因此当计算结果较大时，可考虑采用格宾网箱做固脚替代平铺段格宾护垫，格宾网箱内填石块。

6）格宾护垫厚度的确定。格宾护垫厚度主要由水力特性确定，一般在0.15～0.30m之间。格宾护垫厚度的确定，一般要考虑以下因素：水流流速、波浪高度及岸坡的倾角。当格宾护垫既受到水流的冲刷，又受到波浪的作用时，需选用二者中的大值作为计算厚度。

考虑水流冲刷影响时，格宾护垫厚度的计算如公式（3-6）～公式（3-8）所示。

$$\Delta D=0.035\frac{\phi K_T K_h V_c^2}{C^0 K_s 2g} \tag{3-6}$$

$$K_s=\sqrt{1-\left(\frac{\sin\alpha}{\sin\varphi}\right)^2} \tag{3-7}$$

$$\sin\alpha=\frac{1}{\sqrt{1+m^2}} \tag{3-8}$$

式中　Δ——格宾护垫的相对密度，$\Delta\approx1.0$；

D——格宾护垫的厚度，m；

ϕ——稳定参数，对格宾护垫取 $\phi=0.75$；

V_c——平均流速，m/s；

C^0——临界防护参数，对格宾护垫取 $C^0=0.07$；

K_T——紊流系数，取 $K_T=1.0$；

K_h——深度系数，取 $K_h=1.0$；

K_s——坡度参数；

α——岸坡倾角，(°)；

m——岸坡坡比；

φ——格宾护垫内填石的内摩擦角，(°)。

(3) 典型设计。双绞和六边形金属网络设计如图 3 - 26 所示，格宾护垫设计如图 3 - 27 所示。

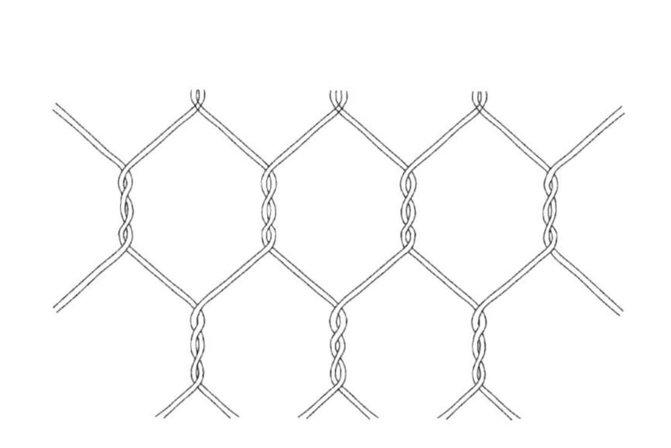

图 3 - 26　双绞和六边形金属网格设计

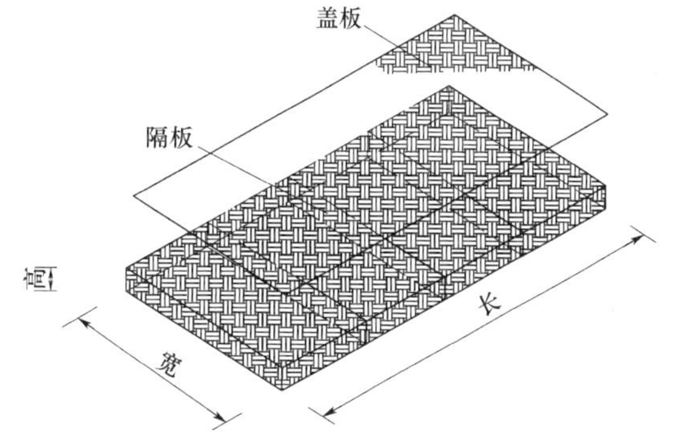

图 3 - 27　格宾护垫设计

3.4.3　联锁式护坡

联锁式护坡是一种新型联锁式混凝土预制块相互联锁组成的铺面系统，由一组尺寸、形状和质量一致的新型混凝土预制块相互连接而形成的联锁结构。联锁式护坡专门为明渠和受低中型波浪作用的边坡提供有效、耐久的边坡防护。它独特的联锁性设计使每一个联锁块被相邻的 6 个联锁块锁住，这样保证每一块的位置准确并避免发生侧向移动。联锁块铺面提供一个稳定、柔性、透水、可植草的坡面生态保护层。

(1) 适用条件。联锁式护坡是一种可人工安装，适用于中小水流情况下（流速不大于 6m/s）控制土壤侵蚀的铺面系统。由于采用独特的联锁设计，每个联锁块与周围的 6 个联锁块产生超强联锁，使得铺面系统在水流作用下具有良好的整体稳定性；同时，由于大孔洞的设置可以植草也适合生长灌木，一方面提高了铺面的耐久性，加强了坡面纵深稳定性，另一方面能起到增加植被、美化环境的作用。

联锁式护坡适用于中小水流，流速以不大于 6m/s 为宜。用于堤坝、河滩、公路、铁路边坡，在降雨截流、恢复生态、降低坡体孔隙水压力等方面的作用尤其明显。施工更便捷，无需大型机械操作；与传统浆砌块石护坡相比施工速度可以提高 10 倍以上。同时，具有经济耐用、材料消耗少、可重复使用、综合成本低等优点。可以满足多色彩的景观要求，充分表现边坡文化。

（2）设计要点。设计要点主要包括以下内容：

1）联锁式护坡主要组成部分包括：土工布、基坑、趾墙、联锁块、上沿压顶。

①土工布。联锁块下铺设反滤土工布，使土粒不被冲刷流失而水能自由进入土体，抑制淤泥的形成，减少黑臭污染现象。

②基坑。用于砌筑坡体下端趾墙。

③趾墙。起到锚固护坡块，防止坡体下滑的作用。

④联锁块。护坡块是具有特殊形状要求的混凝土制品，其作用是提供结构的稳定质量和生态景观的效果。

⑤上沿压顶。锚固坡体上沿联锁块。

2）联锁块分类。联锁块根据开孔数量分双孔和单孔两种。

（3）典型设计。联锁式护坡设计如图 3－28 和图 3－29 所示。

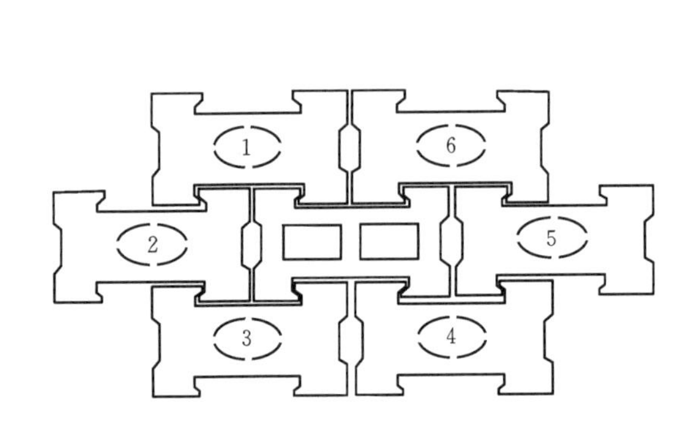

图 3－28　联锁式护坡块之间的连接设计

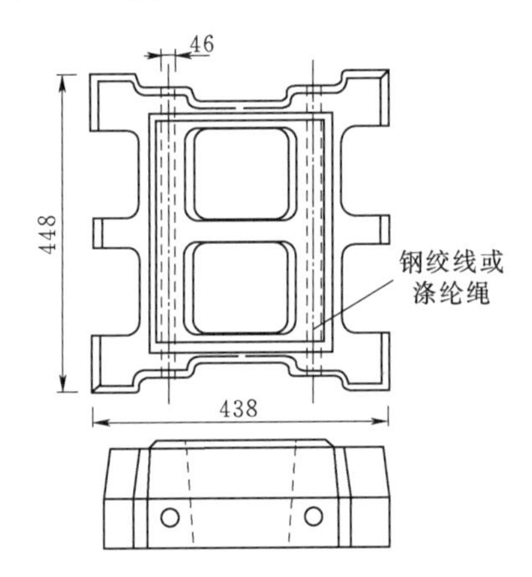

图 3－29　砖体外观设计（单位：mm）

第4章 拦 渣 工 程

拦渣工程是为专门存放生产建设项目在基建施工和生产运行中产生的大量弃土、弃渣、尾矿和其他废弃固体物而修建的水土保持工程。根据调查，宁夏弃土（石、渣）拦渣工程主要包括挡渣墙、拦渣堤和拦渣坝。

4.1 挡渣墙

挡渣墙是指支撑和防护弃渣体，防止其失稳滑塌的构筑物。

（1）适用条件。一般适用于生产建设项目弃渣场的坡脚防护，如坡地型渣场和不受洪水影响的平地型渣场的防护。对开挖、削坡、取土（石）形成的土质坡面或风化严重的岩石坡面的坡脚，也可采取挡渣墙防护。

（2）设计要点。设计要点主要包括以下六个方面：

1）挡渣墙工程级别。挡渣墙工程级别应按弃渣场等级确定。

当挡渣墙高度不小于15m，弃渣场等级为1级、2级时，挡渣墙级别可提高一级，如表4-1所示。

表4-1 挡渣墙工程级别

弃渣场等级	堆渣量 V /万 m^3	堆渣最大高度 H/m	弃渣场失事对主体工程或环境造成的危害	挡渣墙等级
1	1000～2000	150～200	严重	2
2	500～1000	100～150	较严重	3
3	100～500	60～100	不严重	4
4	50～100	20～60	较轻	5
5	<50	<20	无危害	5

注 引自《水土保持工程设计规范》（GB 51018—2014）。

2）挡渣墙型式。按挡渣墙断面结构形式及受力特点可分为重力式、半重力式、衡重式、悬臂式、扶壁式（支墩式）、空箱式（孔格式）及板桩式等。水土保持工程中常用重力式、半重力式、衡重式挡渣墙。

重力式挡渣墙常用干砌石、浆砌石、格栅石笼等建筑材料；半重力式、衡重式挡渣墙多采用混凝土；悬臂式、扶壁式（支墩式）、空箱式（孔格式）及板桩式常用钢筋混凝土。

3）断面设计。挡渣墙的断面尺寸采用试算法确定。根据地形地质条件、拦渣量及渣体高度、弃渣岩性、建筑材料等，先初步拟定断面尺寸，然后进行抗滑、抗倾覆和地基承载力稳定验算。经验算满足抗滑、抗倾覆和地基承载力要求，且经济合理的墙体断面尺寸即为设计断面尺寸。

抗滑稳定验算是为保证挡渣墙不产生滑动破坏。抗倾覆稳定验算是为保证挡渣墙不产生绕前趾倾覆而遭破坏。地基应力验算值不超过容许承载力，以保证地基不出现过大沉陷；控制地基应力大小比或基底合力偏心距，以保证挡渣墙不产生前倾变位。

4）细部结构设计。主要包括排水与反滤设计、分缝两个方面。

①排水与反滤设计，该设计需注意墙身排水和墙后排水两点。

第一，墙身排水。为排出墙后积水，需在墙身布置排水孔。孔眼尺寸一般为5cm×10cm、10cm×10cm或直径为5～10cm的圆孔。孔距为2～3m，梅花形布置，最低一排排水孔宜高出地面约0.3m。排水孔进口需设置反滤层。反滤层由一层或多层无黏性土构成，并按粒度大小随渗透方向增大的顺序铺筑。反滤层的颗粒级配依据堆渣的颗粒级配确定。随着土工布的广泛使用，可在排水管入口端包裹土工布，以起反滤作用。

第二，墙后排水。为排除渣体中的地下水及由降水形成的积水，有效降低挡渣墙后渗流浸润面，减小墙身水压力，增加墙体稳定性，可在挡渣墙后设置排水设施。若渣场弃渣以块石渣为主，挡渣墙渣料透水性较强，可不考虑墙后排水。

②分缝。为了避免地基不均匀沉陷而引起墙身开裂，一般根据地基地质条件的变化、墙体材料、气候条件、墙高及断面的变化等情况设置沉降缝。

一般沿墙轴线方向每隔10～15m设置一道宽2～3cm的横缝，缝内填塞沥青麻絮、沥青木板、聚氨酯、胶泥等材料，填料距离挡渣墙断面边界深度不小于0.2m。

5）埋置深度。挡渣墙基底的埋置深度应根据地基条件、冻结深度及结构稳定要求等确定。

冻结深度不大于1m时，基底应在冻结线以下，且不小于0.25m，并应符合基底最小埋置深度不小于1m的要求；冻结深度大于1m时，基底埋置深度亦应在冻结线以下，且基底最小埋置深度不小于1.25m，并应将基底至冻结线以下0.25m范围地基土换填为弱冻胀材料。

在风化层不厚的硬质岩石地基上，基底应置于基岩表面风化层以下；软质岩石地基上，基底最小埋置深度不小于1m。

6）稳定分析。设计挡渣墙时，应计算墙体的抗滑稳定、抗倾覆稳定、地基应力、应力大小比或偏心距控制，重要的挡渣墙还应计算墙身的应力。

①挡渣墙抗滑稳定安全系数，其中土质地基抗滑稳定安全系数的计算参考《生产建设项目水土保持设计指南》，如公式（4-1）所示。

$$K_s=\frac{f\sum G}{\sum P}\geqslant[K_s] \tag{4-1}$$

式中　K_s——抗滑稳定安全系数；

f——挡渣墙基底与地基之间的摩擦系数，可由试验或根据类似地基的工程经验确定；

$\sum G$——作用于挡渣墙上、全部垂直于基底面的荷载，kN；

$\sum P$——作用于挡渣墙上、全部平行于基底面的荷载，kN；

$[K_s]$——抗滑稳定安全系数允许值。

岩石地基抗滑稳定安全系数的计算参考《生产建设项目水土保持设计指南》，如公式（4-1）或公式（4-2）所示。

$$K_s=\frac{f'\sum G+c'A}{\sum P} \tag{4-2}$$

式中　f'——挡渣墙基底面与岩石地基之间的抗剪断摩擦系数，可按表4-2选用；

G——作用于挡渣墙上、垂直于基底面的荷载，kN；

A——挡土墙基底面的面积，m^2；

c'——挡渣墙基底面与岩石地基之间的抗剪断黏结力，可按表4-2选用。

表4-2　f' 和 c' 值

岩石地基类别		f'	c'
硬质岩石	坚硬	1.5～1.3	1.5～1.3
	较坚硬	1.3～1.1	1.3～1.1
软质岩石	较软	1.1～0.9	1.1～0.7
	软	0.9～0.7	0.7～0.3
	极软	0.7～0.4	0.3～0.05

注　引自《生产建设项目水土保持设计指南》。

挡渣墙（浆砌石、混凝土、浆砌石混凝土）基底抗滑稳定安全系数不应小于表4-3规定的允许值。

表4-3　挡渣墙基底抗滑稳定安全系数允许值

计算工况	土质地基					岩石地基					
	挡渣墙级别					挡渣墙级别					按抗剪断公式计算时
	1	2	3	4	5	1	2	3	4	5	
正常运用	1.35	1.30	1.25	1.20	1.20	1.10	1.08		1.05		3.00
非正常运用	1.10			1.05		1.00					2.30

注　引自《水土保持工程设计规范》（GB 51018—2014）。

②挡渣墙抗倾覆稳定安全系数容许值应根据挡渣墙的级别，按下列标准确定。

挡渣墙抗倾覆稳定安全系数的计算参考《生产建设项目水土保持设计指南》，如公式（4-3）所示。

$$K_t=\frac{\sum M_y}{\sum M_O}\geqslant[K_t] \tag{4-3}$$

式中　K_t——抗倾覆稳定安全系数；

$\sum M_y$——作用于墙身各力对墙前趾的稳定力矩，kN·m；

$\sum M_O$——作用于墙身各力对墙前趾的倾覆力矩，kN；

$[K_t]$——抗倾覆稳定安全系数允许值。

土质地基上挡渣墙的抗倾覆安全系数不应小于表4-4规定的允许值。

表 4-4　　土质地基挡渣墙的抗倾覆安全系数允许值

应用情况	挡渣墙级别			
	1	2	3	4、5
正常运用	1.60	1.50	1.45	1.40
非常运用	1.50	1.40	1.35	1.30

注　引自《水土保持工程设计规范》(GB 51018—2014)。

岩石地基上 1—2 级挡渣墙，在基本荷载组合条件下，抗倾覆安全系数不应小于 1.45，3—5 级挡渣墙抗倾覆安全系数不应小于 1.40；在特殊荷载组合条件下，不论挡渣墙的级别，抗倾覆安全系数均不应小于 1.30。

③挡渣墙（浆砌石、混凝土、浆砌石混凝土）基底应力计算应满足下列要求：

挡渣墙基底应力参考《生产建设项目水土保持设计指南》，如公式（4-4）所示。

$$\sigma_{\max、\min}=\frac{\sum G}{A}\pm\frac{\sum M}{W} \tag{4-4}$$

其中
$$\sum M=e\sum G$$

式中　$\sigma_{\max}$——基底最大应力，kPa；

$\sigma_{\min}$——基底最小应力，kPa；

$\sum G$——所有作用于挡渣墙基底的竖向荷载总和，kN；

A——挡渣墙基底的面积，m^2；

$\sum M$——各力对挡渣墙基底中心力矩之和，kN·m；

W——挡渣墙基底对于基底平行前墙墙面方向形心轴的截面距，m^3。

在各种计算工况下，土质地基和软质岩石地基上的挡渣墙平均基底应力不应大于基底允许承载力允许值，最大基底应力不应大于地基允许承载力的 1.2 倍。

土质地基和软质岩石地基上挡渣墙基底应力的最大值与最小值之比不应大于 2，砂土宜取 2～3。

④挡渣墙稳定计算荷载组合如表 4-5 所示。

作用在挡渣墙上的荷载有墙体自重、土压力、水压力、扬压力、冰压力、地震力、其他荷载（如汽车、人群等荷载）。

表 4-5　　荷 载 组 合 表

荷载组合	计算情况	荷　载						
		自重	土压力	水压力	扬压力	冰压力	地震力	其他荷载
基本组合	正常运行	√	√	√	√	√	—	√
特殊组合	地震情况	√	√	√	√	√	√	√

注　√存在；—不存在。下文同

(3) 常用挡渣墙设计。常用设计有重力式、半重力式和衡重式三种。

1) 重力式挡渣墙。重力式挡渣墙宜做成梯形截面，高度不宜超过 6m；当采用混凝土时，一般不配筋或只在局部范围内配以少量钢筋。根据墙背的坡度分为垂直、俯斜、仰斜

三种型式，多采用垂直和俯斜型式，当墙高不大于3m时，宜采用垂直型式；墙高大于3m时，宜采用俯斜型式，如图4-1所示。

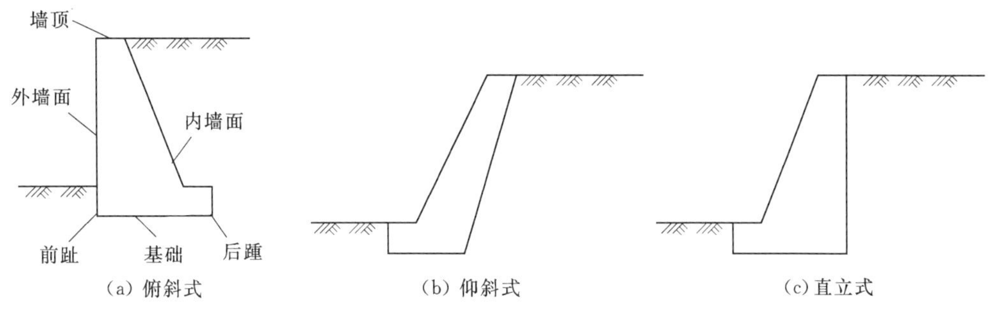

图4-1　重力式挡渣墙示意图

垂直型挡渣墙面坡坡比一般采用1∶0.3～1∶0.5；俯斜型式挡渣墙面坡坡比一般采用1∶0.1～1∶0.2，背坡坡比采用1∶0.3～1∶0.5。具体取值根据稳定计算结果确定。

当墙身高度或地基承载力超过一定限度时，为了增加墙体稳定性和满足地基承载力要求，可在墙底设墙趾、墙踵台阶和齿墙。

建筑材料一般采用砌石或混凝土，但Ⅷ度及Ⅷ度以上地震区不宜采用砌石结构。挡渣墙砌筑石料要求新鲜、完整、质地坚硬，抗压强度应不小于30MPa，胶结材料应采用水泥砂浆和一级、二级配混凝土。

常用的水泥砂浆强度等级为M7.5、M10、M12.5三种。墙高低于6m时，砂浆强度等级一般采用M7.5；墙高高于6m或寒冷地区及耐久性要求较高时，砂浆强度等级宜采用M10以上。常用的混凝土强度等级一般不低于C15，寒冷地区还应满足抗冻要求。

2）半重力式挡渣墙。半重力式挡渣墙是将重力式挡渣墙的墙身断面减小、墙基础放大，以减小地基应力，适应软弱地基的要求。半重力式挡渣墙一般采用强度等级不低于C15的混凝土结构，不用钢筋或仅在局部拉应力较大部位配置少量钢筋，如图4-2所示。

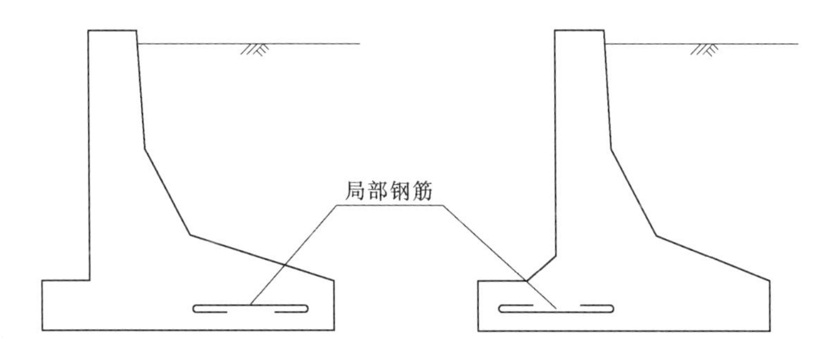

图4-2　半重力式挡渣墙的局部配筋图

半重力式挡渣墙的设计关键是确定墙背转折点的位置。若墙高不大于6m，立板与底板之间可设1个转折点；若墙高大于6m，可设1～2个转折点。立板的第一转折点，一般设在距墙顶3～3.5m处。第1转折点以下1.5～2m处设第二转折点。第二转折点以下，一般属于底板范围，底板也可设1～2个转折点。

外底板的宽度宜控制在1.5m以内，否则将使混凝土的用量增加，或需配置较多的钢筋。立板顶部和底板边缘的厚度不小于 0.4m，转折点处的截面厚度经计算确定。距墙顶 3.5m 以内的立板厚度和墙踵 3m 以内的底板厚度一般不大于 1m。

3）衡重式挡渣墙。衡重式挡渣墙由直墙、减重台（或称卸荷台）与底脚三部分组成。其主要特点是利用减重台上的填土质量增加挡渣墙的稳定性，并使地基应力分布比较均匀，体积比重力式挡渣墙减少 10%～20%。如图 4-3 所示。

在减重台以上，直墙可做得比较单薄，以下则宜厚重，或是将减重台做成台板而在下面再做成直墙。前一种型式，施工比较方便，在减重台以下的体积可以利用填渣斜坡直接浇混凝土，体积虽大但节省了模板费用；后一种型式则相反。

减重台面距墙底一般约为墙高的 0.5～0.6 倍，但其具体位置应经计算确定。一般减重台距墙顶不宜大于 4m，墙顶厚度常不小于 0.3m。

（4）典型设计。如图 4-4 所示。

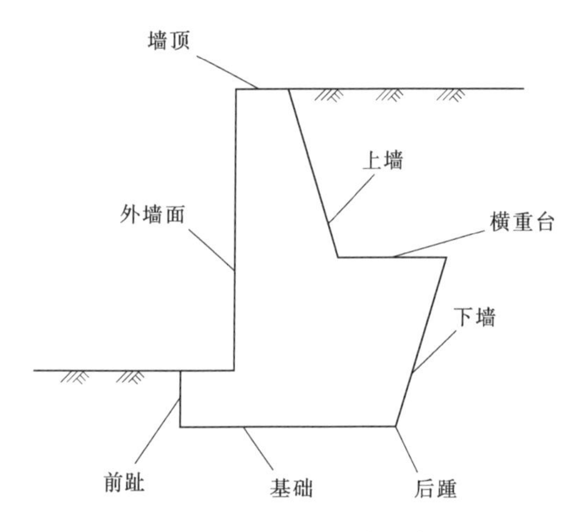

图 4-3　衡重式挡渣墙示意图

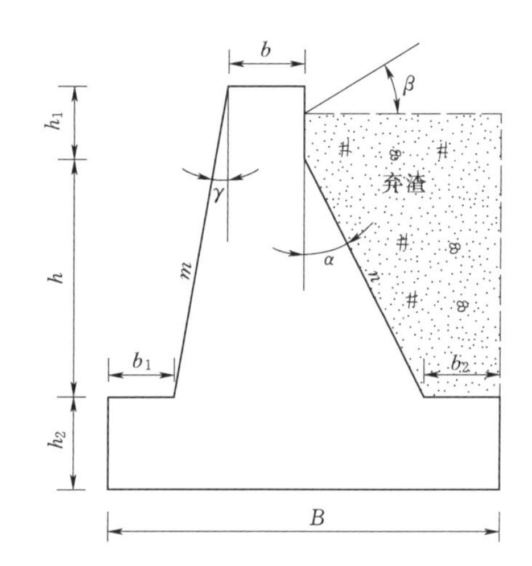

图 4-4　挡渣墙断面示意图

h—墙面高，m；h_2—基础深，m；b—墙顶宽，m；
h_1—墙帽高，m；b_1—前趾，m；b_2—墙踵，m；
m—坡度；n—坡度；α—坡脚；β—坡脚；
γ—坡脚；B—底座宽，m

（5）应用实例。挡渣墙应用如图 4-5 所示。

图 4-5　挡渣墙应用实例（红石湾煤矿挡渣墙）

4.2 拦渣堤

拦渣堤是支撑和防护堆置于河岸边或沟道边的弃渣，防止堆体变形失稳或被水流、降雨等冲入河流（沟道）造成淤塞的构筑物。

（1）适用条件。拦渣堤适用于生产建设项目涉水弃渣场的挡护，如临河型渣场、沟道型渣场、库区型渣场和受洪水影响的平地型渣场的挡护。拦渣堤拦挡的弃渣堆积体或堤后填筑物中，不应含有易溶于水的有毒、有害物质，如生活垃圾、医疗废弃物等，也不宜含有大量粉状物料等。

（2）设计要点。设计要点主要包括以下两个方面：

1）堤线布置及堤型选择。相关要求分别如下：

①堤线布置：堤线布置应根据防洪规划，地形、地质条件、河道变迁，结合现有及拟建建筑物的位置、施工条件、已有工程状况以及征地拆迁、文物保护、行政区划等因素，经过经济技术比较后综合分析确定。

堤线布置应符合下列原则：堤线布置应与河势相适应，并宜与大洪水的主流线大致平行。堤线布置应力求平顺，相邻堤段间应平缓连接，不应采用折线或急弯。堤线布置在占压耕地，拆迁房屋少的地带，并宜避开文物遗址，同时应有利于防汛抢险和工程管理。

②堤型选择：按照拦渣堤断面几何形式及其受力特点，可分为重力式、半重力式、衡重式、悬臂式、扶壁式、空箱式及板桩式等。常用重力式、半重力式和衡重式等。拦渣堤堤型选择应综合考虑筑堤材料种类及开采运输条件、地形地质条件、气候条件、施工条件、基础处理、抗震要求等因素，经技术经济比较后确定。

2）平面布置。平面布置主要包括以下内容：

满足河流治导规划或行洪要求。拦渣堤应布置在弃渣场渣边坡脚，并使拦渣堤位于相对较高的地面上，以便降低拦渣堤高度。拦渣堤应根据等高线布置，尽量避免截断沟谷和水流，否则应考虑沟谷排洪设施，平面走向应顺直，转折处应采用平滑曲线连接。堤基宜选择新鲜不易风化的岩石或密实土层，并考虑地基土层含水量和密度的均一性，避免不均匀沉陷，满足地基承载力要求。

3）断面设计。断面设计主要包括以下内容：

拦渣堤断面设计主要包括堤顶高程、堤基高程、堤顶宽、堤面及堤背坡比等内容，一般先根据拦渣堤工程区的地形、地质、水文条件、及筑堤材料、堆渣量、堆渣高度、堆渣边坡、弃渣物质组成及施工条件等，按照经验初步选定堤型、初拟断面主要尺寸，经试算满足抗滑、抗倾覆和地基承载力要求，且经济合理的堤体断面即为设计断面。

拦渣堤堤顶高程应满足拦渣要求和防洪要求，因此，堤顶高程应按满足防洪要求和安全拦渣要求二者中的高值确定。

①工程级别及防洪标准。拦渣堤工程是为了弃渣场的防洪安全而修建的，其自身并无特殊的防洪要求，因此拦渣堤工程的工程等级及防洪标准主要由弃渣场的级别及防护要求而定，根据《水利水电工程水土保持技术规范》（SL 575—2012）及《防洪标

准》(GB 50201—94)，拦渣堤工程的级别如表4-6所示，拦渣堤工程的防洪标准如表4-7所示。

表4-6　　拦渣堤工程级别

弃渣场等级	堆渣量 V /万 m^3	堆渣最大高度 H/m	弃渣场失事对主体工程 或环境造成的危害	拦渣堤级别
1	1000～2000	150～200	严重	1
2	500～1000	100～150	较严重	2
3	100～500	60～100	不严重	3
4	50～100	20～60	较轻	4
5	<50	<20	无危害	5

表4-7　　拦渣堤工程防洪标准

拦渣堤级别			1	2	3	4、5
城镇		非农业人口/万人 防洪标准/(重现期/年)	≥150 ≥200	150～50 200～100	50～20 100～50	≤20 50～20
乡村		防洪区耕地/万亩 防洪标准/(重现期/年)	≥300 100～50	300～100 50～30	100～30 30～20	≤30 20～10
工矿企业		工矿企业规模 防洪标准/(重现期/年)	特大型 200～100	大型 100～50	中型 50～20	小型 20～10
交通运输设施	铁路路基	运输能力/(万 t/年) 防洪标准/(重现期/年)	≥1500 100	1500～750 100	≤750 50	
交通运输设施	公路路基	等级 防洪标准/(重现期/年)	高速、Ⅰ 100	Ⅱ 50	Ⅲ 25	Ⅳ 按具体情况定
交通运输设施	民用机场	重要程度 防洪标准/(重现期/年)	重要国际机场 200～100	重要国内机场 100～50	一般国内机场 50～20	—
交通运输设施	油气管道	工程规模 防洪标准/(重现期/年)	大型 100	中型 50	小型 20	—
动力设施	火电厂	装机容量/万 kW 防洪标准/(重现期/年)	≥300 ≥100	300～120 100	120～25 100～50	≤25 50
动力设施	高压超高压输配电设施	电压/kV 防洪标准/(重现期/年)	≥500 ≥100	500～110 100	110～35 100～50	≤35 50
通信设施		重要程度 防洪标准/(重现期/年)	国际、省际重要线路 100	省级、省地间 50	地县间 30	—
文物古迹		保护等级 防洪标准/(重现期/年)	国家级 ≥100	省级 100～50	县级 50～20	—

注　人口密集、乡镇企业发达或农作物高产的乡村防护区，防洪标准可适当提高。

②安全超高值。拦渣堤堤顶高程应满足拦渣和防洪要求，与防洪堤起同等作用的拦渣堤堤顶高程应按设计洪水位（或设计潮水位）加堤顶超高确定。堤顶超高参考《堤防工程

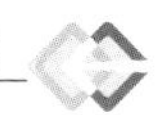

设计规范》(GB 50286—2013),如公式 (4-5) 所示。

$$Y=R+e+A \tag{4-5}$$

式中 Y——堤顶超高,m;

R——设计波浪爬高,可按《堤防工程设计规范》(GB 50286—2013)附录C计算确定,m;

e——设计风壅增水高度,可按《堤防工程设计规范》(GB 50286—2013)附录C计算确定,m;

A——安全超高,m,按表4-8确定。

表4-8 堤防工程的安全超高值

拦渣堤工程等级		1	2	3	4	5
安全超高值/m	不允许越浪的拦渣堤工程	1	0.8	0.7	0.6	0.5
	允许越浪的拦渣堤工程	0.5	0.4	0.4	0.3	0.3

注 引自《水土保持工程设计规范》(GB 51018—2014)。
1级堤防工程重要堤段的安全超高值,经过论证可适当加大,但不得大于1.5m,山区河流洪水历时较短时,可适当降低安全超高值。

③稳定安全系数。拦渣堤工程设计应根据不同堤段的防洪任务、工程等级、地形地质条件,结合堤身的结构形式、高度和填筑材料等因素,选择有代表性的断面进行抗滑和抗倾覆稳定计算。

拦渣堤工程稳定计算可分为正常运行条件和非正常运行条件计算,计算内容应符合表4-9。

表4-9 堤防抗滑稳定计算内容

计算工况	计 算 内 容
正常运行条件	设计洪水位下的稳定或不稳定渗流期的背水侧堤坡;设计洪水位骤降期的临水侧堤坡
非常运行条件	施工期的临水、背水侧堤坡;多年平均水位时遭遇地震;其他稀遇荷载的临水、背水侧堤坡

拦渣堤的抗滑、抗倾覆稳定计算原理和计算公式同挡渣墙,但在实践中应注意以下几点。

岩基内有软弱结构面时,还要核算沿地基软弱面的深层抗滑稳定。

抗滑稳定安全系数允许值 $[K_s]$、抗倾覆稳定安全系数允许值 $[K_t]$ 和挡渣墙取值不同,拦渣堤工程抗滑稳定安全系数允许值如表4-10所示,拦渣堤工程抗倾覆稳定安全系数允许值如表4-11所示。

表4-10 拦渣堤工程抗滑稳定安全系数允许值

计算工况	Ⅰ	Ⅱ	Ⅲ	Ⅳ	Ⅴ
正常运行	1.35	1.30	1.25	1.20	1.20
非常运行	1.15	1.15	1.10	1.05	1.05

注 引自《堤防工程设计规范》(GB 50286—2013)。

表 4-11　　拦渣堤工程抗倾覆稳定安全系数允许值

计算工况	Ⅰ	Ⅱ	Ⅲ	Ⅳ	Ⅴ
正常运行	1.60	1.55	1.50	1.45	1.40
非常运行	1.40	1.35	1.30	1.25	1.20

注　引自《堤防工程设计规范》(GB 50286—2013)。

④基底应力计算。偏心距的计算参考《生产建设项目水土保持设计指南》，如公式(4-6)所示：

$$e=\frac{B}{2}-\frac{\sum M_y-\sum M_O}{\sum G} \tag{4-6}$$

式中　e——竖向荷载力偏心距，m；

B——拦渣堤基底宽度，m。

基底应力的计算参考《生产建设项目水土保持设计指南》，如公式(4-7)所示：

$$\sigma_{min}^{max}=\frac{\sum G}{A}\pm\frac{\sum M}{W} \tag{4-7}$$

式中　σ_{min}^{max}——最大(小)压应力，kPa；

$\sum M$——作用在拦渣堤上的全部荷载对于水平面平行前堤堤面方向形心轴的力矩之和，kN·m；

W——对拦渣堤基底面对于基底平面平行前墙墙面方向形心轴的截面距，m^3。

对于建在土基上的拦渣堤，基底应力验算应满足以下三个条件：

其一，基底平均应力小于或等于地基允许承载力，如公式(4-8)所示：

$$\sigma_{cp}\leqslant[R] \tag{4-8}$$

式中　σ_{cp}——平均应力；

$[R]$——地基允许承载力。

其二，基底最大应力，如公式(4-9)所示：

$$\sigma_{max}\leqslant\partial[R] \tag{4-9}$$

式中　∂——加大系数，一般为1.2～1.5，常取1.2。

其三，基底应力不均匀系数小于或等于允许值，如公式(4-10)所示：

$$\eta=\frac{\sigma_{max}}{\sigma_{min}}\leqslant[\eta] \tag{4-10}$$

式中　η——基底应力不均匀系数；

$[\eta]$——基底应力不均匀系数允许值，对于松软地基，宜取1.5～2，对于中等坚硬、密实的地基，宜取2～3。

4）埋置深度。埋置深度应结合不同类型拦渣堤结构特性和要求，考虑地基条件、河

道水文、水流冲刷、冻结深度等因素确定。

①冲刷深度。拦渣堤工程须考虑洪水对堤脚的淘刷，堤脚需采取相应防冲（淘）措施。为了保证堤基稳定，基础底面在设计洪水冲刷线以下一定深度。

拦渣堤冲刷深度根据《堤防工程设计规范》（GB 50286—2013）计算，并类比相似河段淘刷深度，考虑一定的安全裕度确定。

对于水流平行于岸坡的情况，局部冲刷的深度按公式（4-11）计算：

$$H_B = H_P \times \left[\left(\frac{V_{CP}}{V_{允}} \right)^n - 1 \right] \tag{4-11}$$

式中　H_B——局部冲刷深度，从冲刷处的地面算起，m；

H_P——冲刷处的水深，m；

V_{CP}——平均流速，m/s；

$V_{允}$——河床面上允许不冲流速，m/s；

n——与防护岸坡在平面上的形状有关，一般取1/4。

②冻结深度。在冰冻地区，除岩石、砾石、粗砂等非冻胀地基外，堤基底部应埋置在冻结线以下，并不小于0.25m。

③其他要求。在无冲刷、无冻结情况下，拦渣堤基础底面一般应位于天然底面或河床面以下1m，以保证堤基稳定性。

5）细部结构设计。细部结构设计主要包括排水和分缝两点。

①排水。排水主要内容如下：

堤身排水：为排出堤后积水，需在堤身布置排水孔。孔眼尺寸一般为5cm×10cm、10cm×10cm或直径为5～10cm的圆孔。孔距为2～3m，梅花形布置，最低一排排水孔宜高出地面约0.3m。

排水孔进口需设置反滤层。反滤层由一层或多层无黏性土构成，并按粒度大小随渗透方向增大的顺序铺筑。反滤层的颗粒级配依据堆渣的颗粒级配确定。随着土工布的广泛使用，可在排水管入口端包裹土工布，以起反滤作用。

堤后排水：为排除渣体中的地下水及由降水形成的积水，有效降低拦渣堤堤后渗流浸润面，减小堤身水压力，增加堤体稳定性，可在拦渣堤后设置排水。

若渣场弃渣以块石渣为主，可不考虑堤后排水。

堤背材料选择：为了有效排导渣体积水，降低堤后水压力，拦渣堤后一定范围内需设置排水层，选用透水性较好，内摩擦角较大的无黏性渣料，如块石、砾石等。

堤基排水：堤基排水形式有层状排水、带状排水和垂直排水三种形式。

②分缝。根据地基地质条件的变化、堤体材料、气候条件、堤高及断面的变化等情况设置沉降缝。

一般沿堤轴线方向每隔10～15m设置一道宽2～3cm的横缝，缝内填塞沥青麻絮、沥青木板、聚氨酯、胶泥等材料，填料距离挡渣堤断面边界深度不小于0.2m。

（3）典型设计。拦渣堤典型设计如图4-6所示。

（4）应用实例。拦渣堤应用如图4-7所示。

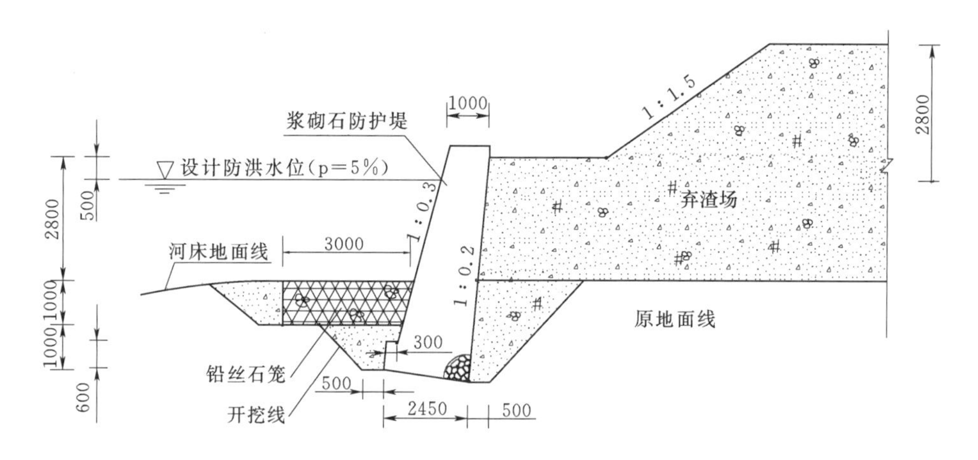

图 4－6　拦渣堤设计（单位：mm）

图 4－7　拦渣堤应用实例

4.3　拦渣坝

拦渣坝是在沟道中修建的拦蓄固体废弃物的建筑物。根据上游洪水处理方式，拦渣坝可分为截洪式和滞洪式两种型式。

4.3.1　截洪式拦渣坝

截洪式拦渣坝坝体只拦挡坝后弃渣以及少量渣体渗水，渣体上游的沟道洪水通过拦洪坝、排水洞等措施进行排导，坝体不承担拦洪作用。截洪式拦渣坝按照建筑所用材料可分为混凝土拦渣坝、浆砌石拦渣坝、碾压堆石拦渣坝等类型。

4.3.1.1　混凝土拦渣坝

（1）适用条件。适用条件主要包括以下三个方面：

1）地形条件。混凝土拦渣坝的坝址宜选择在上游库容条件好、坝址沟谷狭窄、便于布设施工场地的位置。

2）地质条件。混凝土拦渣坝对地质条件的要求相对较高。一般要求坐落于岩基上，两岸岩体完整、岸坡稳定。对于岩基可能出现的节理、裂隙、夹层、断层或显著的片理等地质缺陷，需采取相应处理措施。对于非岩石地基，需经过专门处理，以满足设计要求。

3）施工条件。混凝土拦渣坝筑坝所需水泥等原材料一般需外购，需有施工道路；同时为了满足弃渣“先拦后弃”的水土保持要求，坝体需在较短的时间内完成，施工强度大，对机械化施工能力要求较高。

（2）设计要点。设计要点主要包括以下五个方面：

1）坝址选择。坝址选择一般应考虑下列因素：

沟谷谷底地形平缓，沟床狭窄，坝轴线短，筑坝工程量小。坝址应选择在岔沟、弯道的下游或跌水的上方，坝肩不宜有集流洼地或冲沟。坝基宜为新鲜、弱风化岩石或覆盖层较薄，无断层破碎带、软弱夹层等不良地质，无地下水出露，两岸岸坡不宜有疏松的坡积物、陷穴和泉眼等隐患的地基，坝基处理措施简单有效。坝址附近地形条件适合布置施工场地，内外交通便利，水、电来源条件能满足施工要求。筑坝后不应影响周边公共设施、重要基础设施及村镇、居民点等的安全。

2）坝体断面。坝体断面主要包括以下四个方面：

①坝坡。坝体上、下游坝坡根据稳定和应力等要求确定，上游坝坡坡比可采用1：0.4～1：1，下游坝面可为铅直面、斜面或折面。

②坝顶构造。坝顶宽度主要根据其用途并结合稳定计算等确定，坝顶最小宽度一般不小于2.0m。由于截洪式拦渣坝不考虑坝前蓄水，坝顶高程为拦渣高程加超高。

③坝体分缝。坝体分缝根据地质、地形条件及坝高变化设置，将坝体分为若干个独立的坝段。横缝沿坝轴线间距一般为10～15m，缝宽2～3cm，缝内填塞胶泥、沥青麻絮、沥青木板、聚氨酯或其他止水材料。由于混凝土拦渣坝一般采用低坝，混凝土浇筑规模较小，在混凝土浇筑能力和控制温度等满足要求的情况下，坝体内一般不宜设置纵缝。

④坝前排水。为减小坝前水压力，提高坝体稳定性，应设置排水沟、排水孔、排水管及排水洞等排水设施。当坝前渗水量小时，可在坝身设置排水孔，排水孔径50～100mm，间距2～3m，干旱地区间距可稍予增大，多雨地区则应减小。

3）坝基处理。坝基处理的目的主要包括：提高地基承载力，提高地基稳定性，减小或消除地基有害沉降，防止地基渗透变形。经处理后的坝基应满足承载力、稳定及变形方面的要求。常用的地基处理措施主要有基础开挖与清理、固结灌浆、回填混凝土、设置深齿墙等。

4）工程级别及防洪标准。拦渣坝工程的工程等级及防洪标准主要由弃渣场的级别及防护要求而定，根据《水利水电工程水土保持技术规范》（SL 575—2012）及《防洪标准》（GB 50201—1994），拦渣坝工程的级别如表4-12所示，拦渣坝工程的防洪标准如表4-13所示。

表 4-12　　拦渣坝工程级别

弃渣场等级	堆渣量 V /万 m^3	堆渣最大高度 H/m	弃渣场失事对主体工程或环境造成的危害	拦渣坝级别
1	1000～2000	150～200	严重	1
2	500～1000	100～150	较严重	2
3	100～500	60～100	不严重	3
4	50～100	20～60	较轻	4
5	<50	<20	无危害	5

注　引自《水土保持工程设计规范》(GB 51018—2014)。

表 4-13　　拦渣坝工程防洪标准

拦渣坝工程级别	排洪工程级别	防洪标准/(重现期/年)			
		山区、丘陵区		平原区、滨海区	
		设计	校核	设计	校核
1	1	100	200	50	100
2	2	100～50	200～100	50～30	100～50
3	3	50～30	100～50	30～20	50～30
4	4	30～20	50～30	20～100	30～20
5	5	20～10	30～20	10	20

注　引自《水土保持工程设计规范》(GB 51018—2014)。

5）稳定分析。稳定分析主要包括以下三个方面：

①荷载组合。混凝土拦渣坝承受的荷载主要有坝体自重、静水压力、扬压力、坝后土压力、地震荷载以及其他荷载等。作用在坝体上的荷载可分为基本组合与特殊组合。混凝土拦渣坝荷载组合如表 4-14 所示。

表 4-14　　混凝土拦渣坝荷载组合

荷载组合	主要考虑情况		荷　载					
			自重	静水压力	扬压力	土压力	地震荷载	其他荷载
基本组合	正常运用		√	√	√	√	—	√
特殊组合	Ⅰ	施工情况	√	—	—	√	—	√
	Ⅱ	地震情况	√	√	√	√	√	√

注　1. 应根据各种荷载同时作用的实际可能性，选择计算中最不利的荷载组合。
2. 施工期应根据实际情况选择最不利的荷载组合，并应考虑临时荷载进行必要的核算，作为特殊组合Ⅰ。
3. 当混凝土拦渣坝坝后有排水设施时，坝后地下水位较低，荷载组合可不考虑扬压力计算。

②抗滑稳定计算。坝体抗滑稳定计算主要核算坝基面滑动条件，根据《混凝土重力坝设计规范》(SL 319—2005)，按抗剪断强度公式或抗剪强度公式计算坝基面的抗滑稳定安全系数。

抗剪断强度的计算如公式（4-12）所示（本节拦渣坝工程所用公式均引自《水工设计手册（第 2 版)》。

$$K'=\frac{f'\sum W+c'A}{\sum P} \tag{4-12}$$

式中　K'——按抗剪断强度计算的抗滑稳定安全系数；

f'——坝体混凝土与坝基接触面的抗剪断摩擦系数；

c'——坝体混凝土与坝基接触面的抗剪断黏聚力，kPa；

A——坝基基础面截面积，m^2；

W——作用于坝体上全部荷载（包括扬压力）对滑动平面的法向分值，kN；

P——作用于坝体上全部荷载对滑动平面的切向分值，kN。

抗剪强度的计算如公式（4-13）所示。

$$K=\frac{f\sum W}{\sum P} \tag{4-13}$$

式中　K——按抗剪强度计算的抗滑稳定安全系数；

f——坝体混凝土与坝基接触面的抗剪摩擦系数。

其他参数同抗剪断强度计算公式。

岩基上的抗剪摩擦系数 f、抗剪断摩擦系数 f' 和相应的黏聚力的值，由地质、试验和设计人员根据试验资料及工程类比共同研究决定。若无条件进行野外试验时，直接进行室内试验。岩基上的抗剪摩擦系数和抗剪断摩擦系数可参照表4-15所列数值选用。

表4-15　　　　基岩上的抗剪、抗剪断参数

岩石地基类别		抗剪断参数		抗剪参数
		f'	C'/MPa	f
硬质岩石	坚硬	1.5～1.3	1.5～1.3	0.65～0.70
	较坚硬	1.3～1.1	1.3～1.1	0.60～0.65
软质岩石	较软	1.1～0.9	1.1～0.7	0.55～0.60
	软	0.9～0.7	0.7～0.3	0.45～0.55
	极软	0.7～0.4	0.3～0.05	0.40～0.45

按抗剪强度计算公式和抗剪断强度计算公式计算的抗滑稳定安全系数，应不小于表4-16中的最小允许安全系数。坝基岩体内部深层抗滑稳定按抗剪强度公式计算的安全系数指标可经论证后确定。

表4-16　　　　抗滑稳定安全系数

荷载组合级别		1	2	3	4
抗剪强度计算	基本组合	1.10	1.05～1.08	1.05～1.08	1.05
	特殊组合Ⅰ	1.05	1.00～1.03	1.00～1.03	1.00
	特殊组合Ⅱ	1.00	1.00	1.00	1.00
抗剪断强度计算	基本组合	3.00	3.00	3.00	3.00
	特殊组合Ⅰ	2.50	2.50	2.50	2.50
	特殊组合Ⅱ	2.30	2.30	2.30	2.30

③应力计算。主要包括坝基截面的垂直应力计算，坝体上、下游面垂直正应力计算和坝体上、下游面主应力计算。

拦渣坝坝基截面的垂直应力按式（4－14）计算。

$$\sigma_y=\frac{\sum W}{A}\pm\frac{\sum Mx}{J} \tag{4-14}$$

式中　σ_y——坝踵、坝趾垂直应力，kPa；

$\sum W$——作用于坝段上或1m坝长上全部荷载在坝基截面上法向力的总和，kN；

$\sum M$——作用于坝段上或1m坝长上全部荷载对坝基截面形心轴的力矩总和，kN·m；

A——坝段或1m坝长的坝基截面积，m^2；

x——坝基截面上计算点到形心轴的距离，m；

J——坝段或者1m坝长的坝基截面对形心轴的惯性矩，m^4。

坝体上、下游面垂直正应力计算采用公式（4－15）：

$$\sigma_y^{u、d}=\frac{\sum W}{T}\pm\frac{6\sum M}{T^2} \tag{4-15}$$

式中　$\sigma_y^{u、d}$——坝体上、下游面垂直正应力，上游面式中取“＋”，下游面式中取“－”，kPa；

T——坝体计算截面上、下游方向的宽度，m；

$\sum W$——计算截面上全部垂直力之和，以向下为正，计算时切取单位长度坝体，kN；

$\sum M$——计算截面上全部垂直力及水平力对于计算截面形心的力矩之和，以使上游面产生压应力者为正，kN·m。

坝体上、下游面主应力计算采用公式（4－16）、公式（4－17）、公式（4－18）和公式（4－19）。

$$\sigma_1^u=(1+m_1^2)\sigma_y^u-m_1^2(P-P_u^u) \tag{4-16}$$

$$\sigma_2^u=P-P_u^u \tag{4-17}$$

$$\sigma_1^d=(1+m_2^2)\sigma_y^d-m_2^2(P'-P_u^d) \tag{4-18}$$

$$\sigma_2^d=P'-P_u^d \tag{4-19}$$

式中　m_1、m_2——上、下游坝坡；

P、P'——计算截面在上、下游坝面所承受的土压力和水压力强度，kPa；

P_u^u、P_u^d——计算截面在上、下游坝面处的扬压力强度，kPa。

坝体上、下游面主应力计算公式适用于计及扬压力的情况，如需计算不计截面上扬压力的作用时，则计算公式中将P_u^u、P_u^d取值为0。

4.3.1.2　浆砌石拦渣坝

（1）适用条件。地形条件应满足堆渣要求，工程量较小，并便于布置施工场地。基础

一般要求坐落于岩石或硬土地基上。适用于筑坝石料丰富的地区。

（2）设计要点。设计要点包括以下五个方面：

1）坝址选择。坝址选择原则和要求与混凝土坝基本相同，但需考虑筑坝石料来源。

2）筑坝材料。石料要求新鲜、完整、质地坚硬，常用石料有花岗岩、砂岩、石灰岩等。浆砌石坝的胶结材料应采用水泥砂浆和一、二级配混凝土。水泥砂浆常用的强度等级为M7.5、M10、M12.5三种。

3）坝体断面。坝体断面应结合水土保持工程布置，通过坝址区的地形、地质、水文等条件进行技术经济比较后确定。为了满足拦渣功能，浆砌石重力坝的平面布置（坝轴线）可以是直线式，也可以是曲线式，或直线与曲线组合式。为及时顺畅地排除积水，宜在坝前不小于50m距离范围内堆置透水性良好的石料或渣料。

①坝顶宽度。若无特殊要求，坝高6～10m时，坝顶宽度宜为2～4 m；坝高10～20m时，坝顶宽度宜为4～6m；坝高20～30m时，坝顶宽度宜为6～8m。

②坝坡。一般上游面坡比为1∶0.2～1∶0.8，下游面坡比为1∶0.5～1∶1。地基条件较差的工程，为了坝体稳定或便于施工，边坡可适当放缓。

③坝体构造。拦渣坝应设置横缝，一般不设置纵缝。横缝的间距可根据坝体布置、施工条件以及地形、地质条件综合确定。为了排除坝前渣体内的渗水，可在坝身设置排水管或在底部设置排水孔洞。布设原则与方法参考混凝土拦渣坝。

4）坝基处理。坝基处理的目的是为了满足承载力、稳定和变形等方面的要求。拦渣坝的地基处理，根据坝体稳定、地基应力、岩体的物理力学性质、岩体类别、地基变形和稳定性、上部结构对地基的要求等因素，综合考虑地基加固处理效果及施工工艺、工期和费用等，经技术经济比较后确定。

5）工程级别及防洪标准。浆砌石拦渣坝工程级别及防洪标准参照混凝土拦渣坝。

6）稳定分析。稳定分析主要包括抗滑稳定计算和应力计算。

①抗滑稳定计算。浆砌石拦渣坝坝体抗滑稳定计算，应考虑下列三种情况：沿垫层混凝土与基岩接触面滑动；沿砌石体与垫层混凝土接触面滑动；砌石体之间的滑动。

②应力计算。浆砌石拦渣坝坝体应力计算应以材料力学法为基本分析方法，计算坝基面和折坡处截面的上、下游应力，对于中、低坝，可只计算坝面应力。浆砌石拦渣坝砌体抗压强度安全系数在基本荷载组合时，应不小于3.5；在特殊荷载组合时，应不小于3。用材料力学法计算坝体应力时，在各种荷载（地震荷载除外）组合下，坝基面垂直正应力应小于砌石体容许压应力和地基的容许承载力；坝基面最小垂直正应力应为压应力，坝体内一般不得出现拉应力。

4.3.1.3 碾压堆石拦渣坝

碾压堆石拦渣坝是用碾压机具将砂、砂砾和石料等建筑材料或经筛选后的弃石渣分层碾压后建成的一种用于渣体拦挡的建（构）筑物。

（1）适用条件。适用条件主要包括以下三个方面：

1）地形条件。碾压堆石拦渣坝对地形适应性较强。因其坝体断面较大，主要适用于坝轴线较短、库容大、有条件且便于施工场地布设的沟道型弃渣场。

2）地质条件。该坝型对工程地质条件的适应性较好，对大多数地质条件，经处理后均可采用。但对厚的淤泥、软土、流沙等地基，采用时需经过论证。

3）施工条件。由于该坝型工程量较大，为满足弃渣场“先拦后弃”的水土保持要求，坝体需要在较短的时间内填筑到一定高度，施工强度较大，对机械化施工能力要求较高。

（2）设计要点。设计要点主要包括以下六个要点方面：

1）坝址选择。该坝型的坝址选择一般考虑如下因素：

坝轴线较短，筑坝工程量小。坝址附近场地地形开阔，容易布设施工场地。地质条件较好，无不宜建坝的不良地质条件，坝基处理容易，费用较低。筑坝材料丰富，运距短，交通方便。

2）筑坝材料。筑坝材料主要包括以下两个方面：

①坝体堆石料。筑坝材料应优先考虑就近利用主体工程弃石料，以表层弱风化岩层或溢洪道、隧洞、坝肩、坝基等开挖的石料为主。

②坝上游反滤料。上游坝坡需设置反滤层，一般由砂砾石垫层（反滤料）和土工布组成。反滤料一般采用无黏聚性、清洁而透水的砂砾石，也可采用碎石和石渣，要求质地坚硬、密实、耐风化，不含水溶岩；抗压强度不低于堆石料强度；清洁、级配良好、无黏聚性、透水性大，并有较好的抗冻性。

3）坝体断面。坝体断面主要包括以下四个方面：

①坝顶宽度。坝顶宽度主要根据后期管理运行需要、坝顶设施布置和施工要求等因素综合确定，一般为3～8m。坝顶有交通需要时可适当加宽。

②坝顶高程。坝顶高程为拦渣高程加安全超高。拦渣高程根据堆渣量、拦渣库容、堆渣形态确定；安全超高主要考虑坝前堆渣表面滑塌的缓冲阻挡作用，坝基沉降以及后期上游堆渣面防护和绿化等因素分析确定，一般不小于1m。

③坝坡。坝坡应根据填筑材料通过稳定计算确定，一般应缓于填筑材料的自然安息角对应坡比，且不宜陡于1∶1.5。

④坝体填筑。坝体填筑应在基础和岸坡处理结束后进行。堆石填筑前，需对填筑材料进行检验，必要时可配合做材料试验，以确保填筑材料满足设计要求。坝体填筑时需配合加水碾压，碾压设备以中小型机械为主。堆石料分层填筑、分层碾压。

4）坝基处理。坝基处理主要包括地基处理和两岸岸坡处理。

①地基处理。对于一般的岩土地基，可直接进行坝基开挖，将覆盖层挖除，使建基面达到设计要求即可；对于活动性断层、夹泥层发育的区段，深厚强风化层和软弱夹层整体滑动等地基应避开；对于强度、密实度与堆石料相当的覆盖层，一般可以不挖除。

②两岸岸坡处理。对于坝肩与岸坡连接处，开挖时，一般岩质边坡应缓于1∶0.5，土质边坡应缓于1∶1.5，并力求连接处坡面平顺，不出现台阶式或悬坡，坡度最大不陡于70°。如果岸坡为砂砾或土质，一般应在连接面设置反滤层，如砂砾层、土工布等形式。

5）工程级别及防洪标准。碾压堆土拦渣坝工程级别及防洪标准参照混凝土拦渣坝。

6）稳定分析。稳定分析主要包括坝坡稳定计算和坝的渗流稳定性。

①坝坡稳定计算。碾压堆石拦渣坝可能受坝前堆渣体的整体滑动影响而失稳，此时的抗滑稳定验算需将拦渣坝和堆渣体看作一个整体进行验算。对于坝坡抗滑稳定分析，由于

坝上游坡被填渣覆盖，不存在滑动危险，只要保证坝体施工期间不滑塌即可，因此可不进行稳定分析。本节内容主要针对坝下游坡（临空面）的抗滑稳定进行分析计算。

坝坡稳定分析计算应采用极限平衡法，当假定滑动面为圆弧面时，可采用计及条块间作用力的简化毕肖普法和不计及条块间作用力的瑞典圆弧法；当假定滑动面为任意形状时，可采用郎畏勒法、詹布法、摩根斯坦—普赖斯法、滑楔法。不同计算方法的安全系数如表4-17所示。

表4-17　坝坡抗滑稳定安全系数表

计算方法	荷载组合	坝的级别			
		1	2	3	4、5
计及条块间作用力的方法	基本组合	1.05	1.35	1.30	1.25
	基本组合	1.20	1.15	1.15	1.10
不计及条块间作用力的方法	基本组合	1.30	1.24	1.20	1.15
	基本组合	1.10	1.06	1.06	1.01

稳定计算方法。

简化毕肖普法计算公式如公式（4-20）所示。

$$K=\frac{\sum\{[(W\pm V)\sec\alpha-ub\sec\alpha]+\tan\varphi'+c'b\sec\alpha\}[1/(1+\tan\alpha\tan\varphi'/k)]}{\sum[(W\pm V)\sin\alpha+M_c/R]} \tag{4-20}$$

瑞典圆弧法计算公式如公式（4-21）所示。

$$K=\frac{\sum\{[(W\pm V)\cos\alpha-ub\sec\alpha-Q\sin\alpha]\tan\varphi'+c'b\sec\alpha\}}{\sum[(W\pm V)\sin\alpha+M_c/R]} \tag{4-21}$$

式中　K——安全系数；

W——土条重量，kN；

Q、V——水平和垂直地震惯性力（向上为负、向下为正），kN；

u——作用于土条底面的孔隙压力，kPa；

α——条块重力线与通过此条块底面中点的半径之间的夹角，(°)；

b——土条宽度，m；

c'、φ'——土条底面的有效应力抗剪强度指标；

M_c——水平地震惯性力对圆心的力矩，kN·m；

R——圆弧半径，m。

②坝的渗流稳定性。碾压堆石拦渣坝按透水坝设计，透水要求为：既要保证坝体渗流透水，又要使坝体不发生渗透破坏。为了防止堆石坝渗流失稳，要求通过堆石的渗透流量应小于坝的临界流量，如公式（4-22）所示。

$$q_d=0.8q_k \tag{4-22}$$

式中　q_d——渗透流量，m^3/s；

q_k——临界流量，临界流量与下游水深、下游坡度和石块大小有关，m^3/s。

4.3.2　滞洪式拦渣坝

滞洪式拦渣坝是指坝体既拦渣又挡上游来水的拦水建筑物，其设计原理和一般水工挡水建筑物相同。按建筑材料可分为混凝土坝、浆砌石坝和土石坝。此处仅详述浆砌石坝，其他坝型参考相应规范设计。

（1）适用条件。适用条件包括以下六个方面：

1）地形条件。库容条件较好，坝轴线较短，筑坝工程量小，坝址附近有地形开阔的场地，便于布设施工场地和施工道路。

2）地质条件。坝基基础一般要求坐落于基岩地基上，须坝址处地质条件良好，基岩出露或覆盖层较浅，无软弱夹层，坝肩处岸坡稳定，无滑坡等不良地质条件。

3）筑坝材料。坝址附近有适用于筑坝的石料，条件容许时应尽量从弃渣中筛选利用，其他材料可在当地购买。

4）筑坝后不直接威胁下游村镇的安全。

5）弃渣所在沟道流域面积不宜过大，在库容满足要求的前提下，坝址控制流域面积越小越好。

（2）设计要点。设计要点包括以下四个方面：

1）稳定计算、应力计算方法同截洪式浆砌石拦渣坝，但需重点考虑坝上游水压力影响。

2）设计洪水标准，可参考《水利水电工程水土保持技术规范》（SL 575—2012）确定，拦渣库容为弃渣量和坝址以上流域内的来沙量之和。

3）坝顶高程＝建基高程＋拦渣高度＋滞洪水深＋安全超高。

4）设计洪水。一般情况下拦渣坝控制流域面积比较小，应采用当地小流域洪水计算方法进行计算。

4.3.3　典型设计

拦渣坝典型设计如图4-8所示。

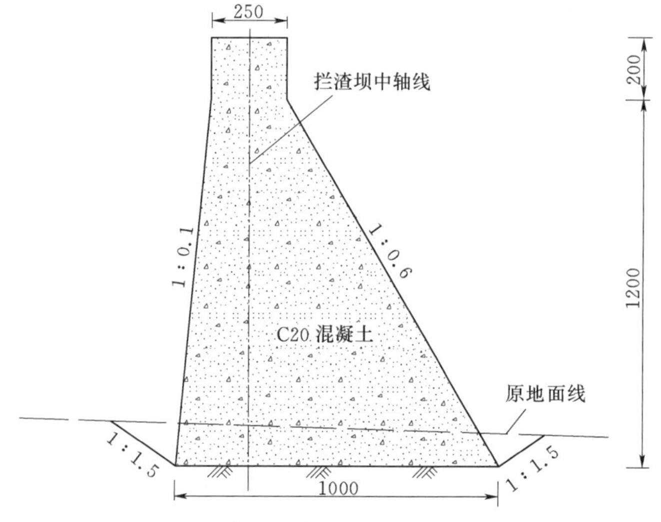

图4-8　拦渣坝断面设计（单位：mm）

4.3.4 应用实例

拦渣坝应用如图 4 - 9 所示。

图 4 - 9　拦渣坝应用实例（水洞沟电厂灰坝）

第5章 坡面截排水工程

截排水工程是在坡面利用截水沟对分散的降雨径流进行集中拦截，通过排水沟安全排导至天然排水沟道或公共排水系统中的工程，目的是保护主体工程安全，同时防治降雨径流引起的水土流失。截排水工程主要包括截水沟、排水沟和顺接消能工程等。

5.1 截排水沟

截水沟目的是将汇水区域内分散的降雨径流进行集中拦截，形式可分为蓄水型和排水型，常见的形式为排水型截水沟。排水沟不仅可将集中拦截的降雨径流排导至安全地带，也可直接对降雨径流进行拦截和排导。

截水沟和排水沟的设计方法、工程建设形式和材料上没有明显区别。截水沟一般位于防护对象的上游，排水沟一般位于防护对象的下游、截水工程的两端或较低一端；截水沟的工程尺寸相对较小，排水沟的工程尺寸相对较大。

截排水沟按修建材料可分为混凝土、浆砌石、土质、砌石（砖）排水沟等型式。永久性截排水沟一般为混凝土或浆砌石，多建设于易产生冻胀的区域，常见于道路两侧，也可根据工程周边的建筑材料的方便程度决定；临时性排水沟多为土质、砌石（砖）排水沟和种草排水沟。

（1）适用范围。根据宁夏降雨特点及生产建设项目情况，截排水沟主要适用于以下几方面：

1）年均降水量大于300mm的地区，防护对象周边汇水面积超过0.2hm^2的区域，均需布设截排水沟；年均降水量小于200mm的地区，一般情况下不要求布设截排水沟。

2）年均降水量200～300mm的地区，需要根据汇水面积和防护对象确定是否建设截排水沟，具体要求如下：

①路面高程与两侧地势高差大于1m、自然坡度大于5°、路面汇水面积超过0.5hm^2的各类道路，需布设截排水沟；路面高程与两侧地势高差小于1m且周边没有来水的道路，可直接将降雨径流散排至道路两侧，不再布设截排水沟。

②道路周边汇水面积超过1hm^2的各类道路，需布设截排水沟；道路周边汇水面积不超过1hm^2的各类道路，可直接将降雨径流散排至道路两侧或绿化带内，不再布设截排水沟。

③生产生活区、弃土（渣）场、取土场周边汇水面积超过1hm^2，需布设截排水沟。

④高差大于5m、汇水面积超过0.1hm^2的大型人工坡面的坡脚或多级消坡平台马道，需布设截排水沟。

⑤总体坡降大于2%、土壤透水性较差（黏土、焦土）的光伏电站，可结合基本平行

于等高线的检修道路，建设截排水沟。

（2）设计要点。截排水沟的设计要点有：设计排水标准、布设位置、断面形式及断面尺寸、渠底坡降、建设材料等。

1）设计排水标准。坡面截排水沟设计排水标准一般按《水土保持工程设计规范》（GB 51018—2014）执行，排水标准为5～10年一遇短历时暴雨，生产建设项目防洪标准较高，设计排水标准可以取上限。

2）截排水沟布置结合工程布设。其具体要求如下：

①截排水沟的布置应结合工程类型和防护对象进行布设，渠线尽可能减少弯道，截水沟的顶部高程需略低于原始坡面高程。

②截排水沟位于连续坡面上时，截排水沟应与等高线取1%～2%的比降布设；坡面坡长较长时，可平行设置多条截排水沟，截排水沟间距50～100m；为减小截排水沟断面尺寸及工程量，截排水沟渠线长度在水平方向上需分段布设，分段排导。

③截排水沟位于道路两侧，道路上游有径流时，截排水沟布设于道路上游一侧；只排导路面径流时，截排水沟布设于道路下游一侧。

④截排水沟防护对象为生产生活区、弃土（渣）场、取土场时，截排水沟布设在坡面与防护对象之间。

⑤截排水沟位于大型人工坡面的坡脚或多级削坡平台马道时，截排水沟布设在坡面坡脚或多级削坡平台马道内侧。

⑥截排水沟位于光伏电站时，截排水沟布设在检修道路略低一侧。

3）截排水沟横断面选择。常用的截排水沟横断面形式有梯形、矩形、U形等。梯形断面适用广泛，其优点是施工简单，边坡稳定，多为混凝土薄板衬砌；矩形断面适用于宽度受限的渠道等，可以采用浆砌石矩形断面或钢筋混凝土矩形断面；U形断面适用于混凝土现浇的中小截水沟，其优点是水力条件较好、占地少，但施工比较复杂。

4）截排水沟水力学参数计算 。它主要包括设计最大流量和流水断面尺寸两方面。

①设计最大流量。如公式（5-1）所示。

$$Q_B = 0.278 K I_p F \tag{5-1}$$

式中　Q_B——最大流量，m^3/s；

K——径流系数，如表5-1所示；

F——山坡集水面积，km^2；

I_p——设计频率的平均1h降雨强度，mm/h。

表5-1　　不同材料集流面在不同年降雨量地区的径流系数表

集流面材料	径流系数		
	250～500mm	500～1000mm	1000～1500mm
混凝土	0.75～0.85	0.75～0.90	0.80～0.90
水泥瓦	0.75～0.80	0.70～0.85	0.80～0.90
机瓦	0.40～0.55	0.45～0.60	0.50～0.65
手工制瓦	0.30～0.40	0.35～0.45	0.45～0.60

续表

集流面材料	径流系数		
	250～500mm	500～1000mm	1000～1500mm
浆砌石	0.70～0.80	0.70～0.85	0.75～0.85
良好的沥青路面	0.70～0.80	0.70～0.85	0.75～0.85
乡村常用的土路	0.15～0.30	0.25～0.40	0.35～0.55
水泥土	0.40～0.55	0.45～0.60	0.50～0.65
自然坡面（植被稀少）	0.08～0.15	0.15～0.30	0.30～0.50
自然坡面（林草地）	0.06～0.15	0.15～0.25	0.25～0.45

设计频率的平均1h降雨强度如公式（5-2）所示：

$$I_p = K_p H \tag{5-2}$$

式中　I_p——频率为P的平均1h点雨量，mm/h，如表5-4所示；

H——多年平均最大1h点雨量，mm，如表5-2所示；

K_p——频率为P的皮尔逊Ⅲ型曲线模比系数，如表5-3所示。

表5-2　　不同区域多年平均最大1h暴雨量情况

区域	多年平均最大1h点雨量/mm	多年平均最大1h点雨量变差系数C_v
泾源县	22.0697	0.6500
隆德县	21.1585	0.6536
彭阳县	21.7204	0.6692
西吉县	19.4079	0.6722
原州区	21.5491	0.6770
海源县	19.3675	0.7032
沙坡头区	15.2260	0.7547
中宁县	15.6048	0.7500
红寺堡区	16.3764	0.7442
利通区	16.0800	0.7775
青铜峡市	15.5952	0.7689
同心县	17.2074	0.7244
盐池县	19.5930	0.7500
贺兰县	17.5000	0.7870
灵武市	16.4015	0.7683
兴庆区	17.5000	0.7836
金凤区	17.5000	0.7836
西夏区	17.5000	0.7836
永宁县	16.2188	0.7750
平罗县	17.5000	0.7815
惠农区	17.5000	0.7950
大武口区	20.0000	0.7500

表 5-3　　不同区域、不同频率 K_p 值

区域	C_v 值	K_p				
		10%	5%	3.33%	2%	1%
泾源县	0.65	1.8295	2.305	2.5895	2.945	3.43
隆德县	0.65	1.8295	2.305	2.5895	2.945	3.43
彭阳县	0.67	1.85	2.35	2.64	3.015	3.53
西吉县	0.67	1.85	2.35	2.64	3.015	3.53
原州区	0.68	1.86	2.37	2.67	3.05	3.58
海源县	0.70	1.879	2.41	2.72	3.12	3.68
沙坡头区	0.75	1.925	2.51	2.86	3.305	3.93
中宁县	0.75	1.925	2.51	2.86	3.305	3.93
红寺堡区	0.74	1.916	2.49	2.83	3.27	3.88
利通区	0.78	1.952	2.57	2.94	3.42	4.08
青铜峡市	0.77	1.943	2.55	2.915	3.38	4.03
同心县	0.72	1.898	2.45	2.78	3.2	3.78
盐池县	0.75	1.925	2.51	2.86	3.305	3.93
贺兰县	0.79	1.96	2.59	2.965	3.455	4.13
灵武市	0.77	1.943	2.55	2.915	3.38	4.03
兴庆区	0.78	1.952	2.57	2.94	3.42	4.08
金凤区	0.78	1.952	2.57	2.94	3.42	4.08
西夏区	0.78	1.952	2.57	2.94	3.42	4.08
永宁县	0.78	1.952	2.57	2.94	3.42	4.08
平罗县	0.78	1.952	2.57	2.94	3.42	4.08
惠农区	0.80	1.968	2.61	2.99	3.49	4.18
大武口区	0.75	1.925	2.51	2.86	3.305	3.93

表 5-4　　不同区域、不同频率平均 1h 暴雨量

频率 区域	降雨强度/(mm/h)				
	10%	3.33%	5%	2%	1%
泾源县	40.38	50.87	57.15	65.00	75.70
隆德县	40.54	51.08	57.38	65.26	76.00
彭阳县	40.18	51.04	57.34	65.49	76.67
西吉县	35.90	45.61	51.24	58.51	68.51
原州区	40.08	51.07	57.54	65.72	77.15
海源县	36.39	46.68	52.68	60.43	71.27
沙坡头区	29.31	38.22	43.55	50.32	59.84
中宁县	30.04	39.17	44.63	51.57	61.33
红寺堡区	31.38	40.78	46.35	53.55	63.54
利通区	31.39	41.33	47.28	54.99	65.61
青铜峡市	30.30	39.77	45.46	52.71	62.85
同心县	32.66	42.16	47.84	55.06	65.04
盐池县	37.72	49.18	56.04	64.75	77.00

续表

区域 \ 频率	降雨强度/(mm/h)				
	10%	3.33%	5%	2%	1%
贺兰县	34.30	45.33	51.89	60.46	72.28
灵武市	31.87	41.82	47.81	55.44	66.10
兴庆区	34.16	44.98	51.45	59.85	71.40
金凤区	34.16	44.98	51.45	59.85	71.40
西夏区	34.16	44.98	51.45	59.85	71.40
永宁县	31.66	41.68	47.68	55.47	66.17
平罗县	34.16	44.98	51.45	59.85	71.40
惠农区	34.44	45.68	52.33	61.08	73.15
大武口区	38.50	50.20	57.20	66.10	78.60

②过水断面尺寸。截排水沟过水断面通过计算确定。根据设计最大流量计算截水沟过水断面，按明渠均匀流公式计算。计算公式如公式（5－3）、公式（5－4）所示：

$$Q=\frac{\omega R^{2/3}}{n}\sqrt{i} \tag{5-3}$$

$$R=\omega/\chi \tag{5-4}$$

式中　Q——设计最大流量，m^3/s；

R——断面水力半径，m；

i——截排水沟纵坡；

ω——过水断面面积，m^2；

χ——湿周，m；

n——糙率，如表5－5所示。

表5－5　　截排水沟壁的糙率（n值）

截水沟过水表面类型	糙率 n	截水沟过水表面类型	糙率 n
岩石质明渠	0.035	浆砌片石明渠	0.032
植草皮明渠（v=0.6m/s）	0.035～0.050	混凝土明渠（抹面）	0.015
植草皮明渠（v=1.8m/s）	0.050～0.090	混凝土明渠（预制）	0.012
浆砌石明渠	0.025		

5）纵坡。截排水沟设计纵坡应根据地形、地质以及与自然沟道连接要求等因素确定。当自然纵坡大于1∶20或局部高差较大时，应设置陡坡式跌水。截排水沟断面变化时，应采用渐变段衔接，渐变段长度取水面宽度变化之差的5～20倍。

截排水沟排水流速应控制在容许不冲刷流速之内，最大允许流速如表5－6所示，最大允许流速的水深修正系数如表5－7所示。截排水沟的最小流速应不小于0.4m/s；截水沟坡度较大，致使流速超过表中数据时，应在适当位置设置跌水及消力槽，但不能设于转弯处。

6）截排水沟进出口平面布置。宜采用喇叭口或八字形导流翼墙。导流翼墙长度可取

设计水深的3～4倍。出口底部应设置防冲、消能等设施。

表5-6　　　　截排水沟最大允许流速

明沟类别	允许最大流速/(m/s)	明沟类别	允许最大流速/(m/s)
亚砂土	0.8	浆砌块石、混凝土	3.0～5.0
亚黏土	1.0	黏土	1.2
干砌卵石	2.5～4.0	草皮护坡	1.6

表5-7　　　　最大允许流速的水深修正系数

水深h/m	$h\leqslant 0.40$	$0.40<h\leqslant 1.00$	$1.00<h\leqslant 2.00$	$h>2.00$
修正系数	0.85	1.00	1.25	1.40

7）安全超高。截排水沟的安全超高可参考表5-8确定，在弯曲段凹岸应考虑水位壅高的影响。

表5-8　　　　截排水沟建筑物安全超高

截排水沟建筑物级别	1	2	3	4	5
安全加高/m	1.0	0.9	0.7	0.6	0.5

8）截排水沟弯曲段弯曲半径。截排水沟弯曲段弯曲半径不应小于最小允许半径及渠底宽度的5倍。最小允许半径可按下式计算：

$$R_{\min}=1.1V^2\sqrt{A}+12 \tag{5-5}$$

式中　$R_{\min}$——最小允许半径，m；

V——渠道中水流流速，m/s；

A——渠道过水断面面积，m^2。

9）衬砌材料。截排水沟常用的衬砌及护面材料有混凝土、浆砌石、砖及灰土等。

①混凝土强度等级一般为C10、C15。现浇混凝土接缝少，适用于挖方渠道；预制混凝土适用于填方渠道。现浇混凝土比预制混凝土的厚度稍大，现浇混凝土衬砌厚度一般为3～15cm，预制板一般厚度为5～10cm。为适应温度变化、冻胀基础不均匀沉陷等原因引起的变形，需要留伸缩缝。纵向缝一般设在边坡与渠底连接处。横向缝间距如下：衬砌厚度5～7cm时，为250～350cm；衬砌厚度8～9cm时，为350～400cm；衬砌厚度大于10cm时，为400～500cm。

②浆砌石衬砌。常用于工程附近有丰富石材的区域，具有就地取材、施工简单、抗冲、抗磨、耐用等优点。石料有卵石、块石、条石、石板。浆砌石衬砌及护面的防渗、防冲效果均较好。单层厚度一般为25～30cm，用M5、M10水泥砂浆砌筑。伸缩缝间距为20～50cm；缝宽为3cm左右，以沥青砂浆灌注。勾缝一般采用比砌筑砂浆高一级强度等级的砂浆。

③砖衬砌。普通黏土衬砌只适用不结冰的地区，水泥砂浆强度等级不低于M10；特制砖烧结及机械性能好（抗压强度一般低于400kg/cm^2），抗冻性能好，耐久性高，吸水率低，糙率小（n值一般为0.013～0.015）。

（3）典型断面。截排水沟典型断面示意图如图5-1所示。

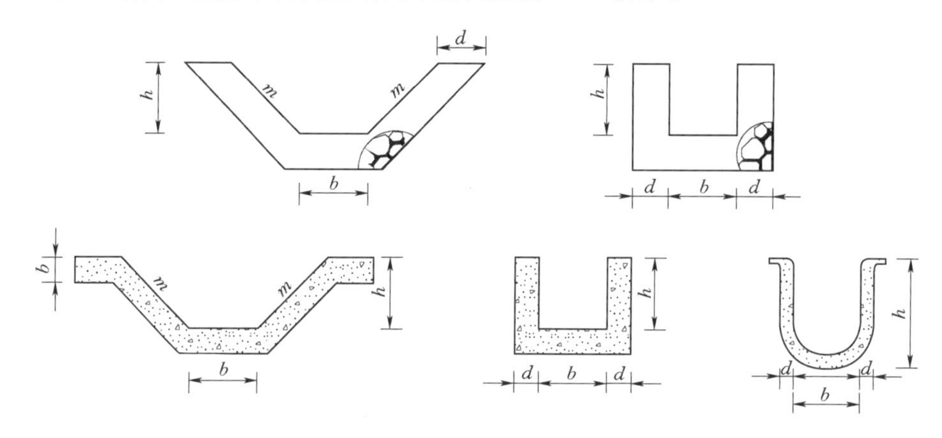

图5-1　截排水沟断面示意图

b—渠道底宽；m—渠道内坡比；h—渠深；d—渠壁厚度

（4）工程实例，如图5-2所示。

（a）古王高速公路浆砌石截排水沟

（b）某工业厂区边坡截排水沟

（c）滚红高速混凝土截排水沟

（d）滚红高速浆砌石截排水沟

图5-2（一）　截排水沟应用实例

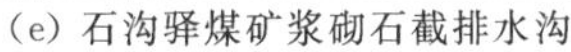

(e) 石沟驿煤矿浆砌石截排水沟

(f) 石沟驿煤矿浆砌石截排水沟渐变段

图 5-2（二）　截排水沟应用实例

5.2　消力池

消力池主要作用是对截排水沟水流携带的动能和势能进行削弱，排导至自然沟道安全地带，减轻径流对沟道的冲刷。按消力池的修建材料可分为浆砌块石消力池、铅丝笼消力池和堆石消力池等，宁夏常见的消力池形式为浆砌块石消力池。

(1) 适用范围。消力池常用于尾部坡降大于 1/50 的截排水工程末端，布设在沟道底部。

(2) 设计要点。消力池设计要点主要有设计标准、布设位置、断面形式及断面尺寸、建设材料、施工要求等。

1) 设计标准。消力池是坡面截排水工程的一部分，故设计排水标准一般也按《水土保持工程设计规范》(GB 51018—20114) 执行，排水标准为 5～10 年一遇短历时暴雨，生产建设项目防洪标准较高，设计排水标准可以取上限。

2) 断面尺寸设计。消力池断面尺寸设计主要有消力池设计深度、宽度和长度。

消力池深度如公式 (5-6)、公式 (5-7) 所示。

$$d=1.25(h_2-h_{下}) \tag{5-6}$$

$$h_2=h_1/2\{[1+8aQ^2/(gb^2h_1^3)]^{1/2}-1\} \tag{5-7}$$

式中　d——消力池设计深，m；

h_1——水跃第一共轭水深，m；

h_2——水跃第二共轭水深，m；

$h_{下}$——下游水深，m；

b——上游进水口渠宽，m。

消力池长度 $L=(3\sim5)h_2$，一般取 $L=4h_2$。消力池宽 $b_0=b+0.3$。

3) 断面型式的选择。消力池断面可采用等底宽式或逐渐扩散的变底宽式，横断面可采用矩形、梯形或折线形。一般情况下，常采用梯形，或者低于沟底的部分用矩形，高于沟底的部分采用梯形。消力池出口多为反坡，反坡比 1∶3～1∶5；消力池出口一般还需要进行护砌，护砌长度一般为水深的 3 倍。

4）材料的选择。消力池常用建筑材料为浆砌石，也可采用现浇混凝土形式。

（3）典型设计见 5.3 节设计案例。

5.3　坡面截排工程设计案例

（1）项目概况。某取土场占地类型为荒地，取土量为 34.16 万 m^3，占地面积 $3.80hm^2$，上游山坡汇水面积为 $0.092km^2$。开挖线起点高程 1430m，顶部高程 1465m，相对高差 35m。设计采用 4 级削坡开级，坡比均为 1∶1.5，设宽 2m 的马道 2 条；设宽 4m 的马道 1 条。在取土场顶部开挖边界 10m 以外布设坡顶截水沟，在马道布设马道排水沟，取土场开挖边界两侧布设急流槽，坡脚接消力池，消力池出口设护坦或尾水排水沟将水引入远离取土场的自然沟道。截排水工程示意图如图 5-3 所示。

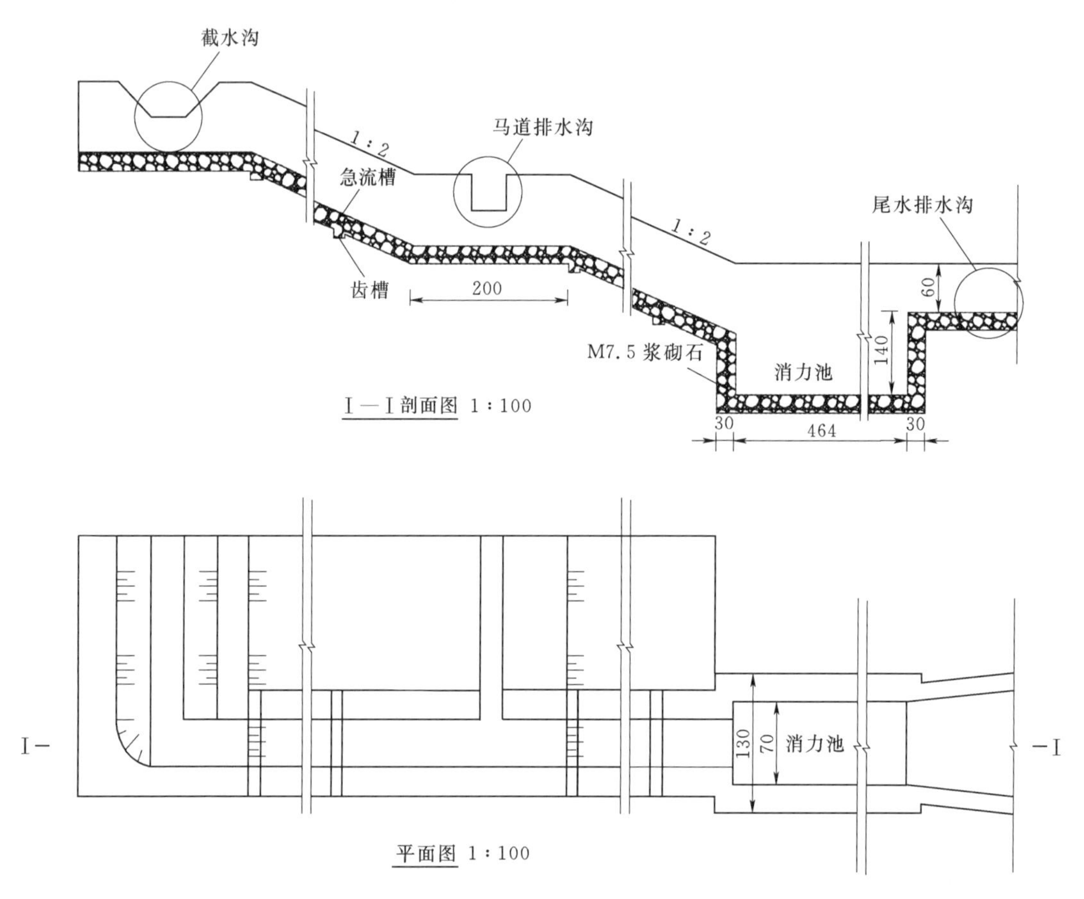

图 5-3　截排水工程示意图（单位：cm）

（2）截排水工程设计。根据《水土保持工程设计规范》（GB 51018—2014），防洪标准按 10 年一遇进行设计。

1）截水沟。截水沟水文计算、水力计算和断面确定方法如下：

①水文计算。水文计算参考如下：

最大流量 $Q_B=0.278KIF$；

设计频率的平均1h降雨强度 $I_p=KpH$；

根据《暴雨洪水图集》中的《年最大1h点雨量均值等值线图》查得本取土场所在区域多年平均最大1h点雨量为27.0mm，变异系数 $C_v=0.68$，$C_s/C_v=3.5$，从皮尔逊-Ⅲ型曲线 K_p 值表（$C_s=3.5C_v$）查得设计频率的模比系数的值 $K_{p10\%}=1.86$，以此计算本次设计采用的 $H_{10\%}=50.22$mm。计算结果如表5-9所示。

表5-9　　水文计算表

集水面积 F /(km²)	降雨强度/(mm/h)	设计流量/(m³/s)	备注
	$P=10\%$	$P=10\%$	
0.046	50.22	0.3853	径流系数K=0.60

注　由于截水沟排水从中间向两侧出水，故截水沟汇水面积按其上游汇水面积的1/2计算。

②水力计算。水文计算参考如下：

该取土场截水沟流量设计按照明渠均匀流公式计算：$Q=(AR^{2/3}i^{1/2})/n$，水力计算结果如表5-10所示。

表5-10　　水力计算表

加大流量20%Q /(m³/s)	过水面积 A /m²	湿周 X /m	水力半径 R /m	谢才系数 C	过水流量 Q /(m³/s)	比降 i	流速 V /(m/s)
0.4624	0.26	1.39	0.19	30.30	0.4888	2%	1.86

③断面确定。断面确定参考如下：

根据安全超高要求，安全超高取20cm；经计算，截水沟设计流速为1.86m/s，满足浆砌石截水沟 $V_{不淤}=0.4\text{m/s}<V=1.86\text{m/s}\leqslant V_{不冲}=3.0\text{m/s}$ 的要求。因此，截水沟梯形断面结构要素如表5-12所示。

截水沟采用M7.5浆砌石砌筑，如图5-4和表5-11所示。

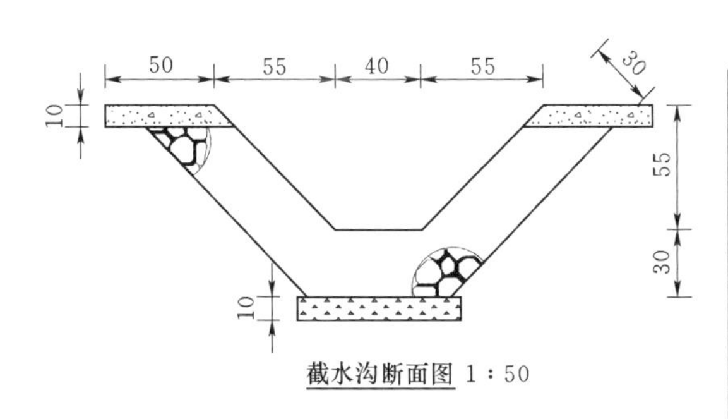

图5-4　截水沟设计（单位：cm）

表5-11　　截水沟工程量表

工程名称	单　位	数　量
人工挖土方	m³/m	1.77
原土夯实	m³/m	0.20
沥青麻絮	m²/道	0.04
C15混凝土	m³/m	0.06
碎石垫层	m³/m	0.10
M7.5浆砌石	m³/m	1.05

2）马道截水沟。其内容如下：

表 5-12　　　截水沟设计结果表

项目名称	设计结果	断面尺寸/m					
		底宽	上口宽	深	内坡比	纵坡	安全超高
截水沟	计算值	0.40	1.10	0.35	1∶1	2%	—
	确定值	0.40	1.50	0.55	1∶1	2%	0.20

防洪标准：同截水沟。

水文计算：采用截水沟水文计算公式 F 为山坡集水面积，km^2（集水面积为 $0.003km^2$），其他参数同截水沟。

水力计算：马道排水沟水力计算采用上述截水沟明渠均匀流公式，计算结果如表 5-13、表 5-14 所示。

表 5-13　　　水文计算表

集水面积 $F/(km^2)$	降雨强度/(mm/h)	设计流量/(m^3/s)	备注
	$P=10\%$	$P=10\%$	
0.003	50.22	0.0251	径流系数 $K=0.60$

表 5-14　　　水力计算表

加大流量 20%Q /(m^3/s)	过水面积 A /m^2	湿周 X /m	水力半径 R /m	谢才系数 C	过水流量 Q /(m^3/s)	比降 i	流速 V /(m/s)
0.0302	0.04	0.54	0.07	25.47	0.0335	2%	0.93

断面确定方法如下：根据安全超高要求，安全超高取 18cm；经计算，马道排水沟设计流速为 0.95m/s，满足浆砌石排水沟 $V_{不淤}=0.4m/s<V=0.93m/s\leqslant V_{不冲}=3.0m/s$ 的要求。并依据施工规范和施工最小断面的要求，底宽需大于 20cm 以上。马道排水沟设计尺寸见表 5-15。

表 5-15　　　马道排水沟设计结果表

项目名称	设计结果	断面尺寸/m			
		底宽	深	纵坡	安全超高
马道排水沟	计算值	0.30	0.12	2%	—
	确定值	0.30	0.30	2%	0.18

采用浆砌石砌筑，底部垫 10cm 厚的碎石。典型设计如图 5-5 和表 5-16 所示。

3）急流槽设计。其主要内容如下：

水文计算公式同上述截水沟公式（5-1）。

判断是否是急流段，计算陡坡矩形断面临界水深，如公式（5-8）所示：

$$h_k=[a(Q/b)^2/g]^{1/3} \tag{5-8}$$

式中　a——不均匀系数，1.1；

g——重力加速度，9.8m/s^2；

Q——设计过水流量（按技术规范设计采用加大30%流量计算，即0.5009m^3/s)；

b——陡坡底宽（0.40m假设）。

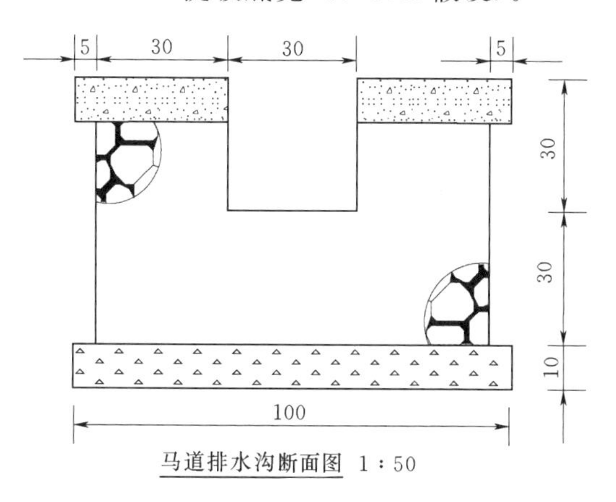

图5-5　马道排水沟设计（单位：cm)

表5-16　马道排水沟工程量表

工程名称	单位	数量
人工挖土方	m^3/m	0.72
原土夯实	m^3/m	0.18
沥青麻絮	m^2/道	0.03
C15混凝土	m^3/m	0.06
碎石垫层	m^3/m	0.09
M7.5浆砌石	m^3/m	0.45

经计算 $h_k=0.56$m。

过水断面面积如公式（5-9）所示：

$$A_k=bh_k \quad (5-9)$$

式中　h_k——临界水深。

经计算 $A_k=0.224$m^2。

湿周：$X_k=b+2h_k$，经计算 $X_k=1.521$m。

水力半径：$R_k=A_k/X_k$，经计算 $R_k=0.15$m。

流速系数如公式（5-10）所示：

$$C_k=(1/n)R_k^{1/6} \quad (5-10)$$

式中　n——糙率（取0.025)。

经计算 $C_k=29.07$。

流量模数：$K_k=A_kC_k(R_k)^{1/2}$，经计算 $K_k=2.5$。

临界坡度：$i_k=Q^2/K_k^2$，经计算 $i_k=0.04<0.40$（实际地形坡比为1∶2.5)，可知此段为急流段。

用试算法求水深，按明渠均匀流公式计算，如公式（5-11)、公式（5-12)、公式（5-13）所示。

$$Q=AC(Ri)^{1/2}=K(i)^{1/2} \quad (5-11)$$

则：$K=Q/(i)^{1/2}$。

式中　i——坡率（取0.40)。

经计算 $K=0.79$m^3/s。

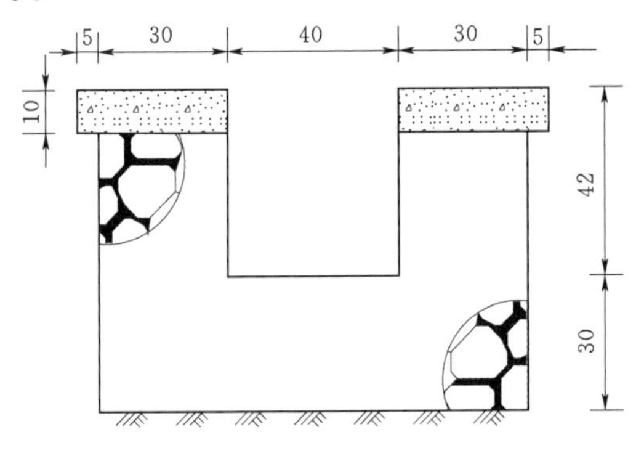

图5-6　急流槽设计（单位：cm）

$$K=K_0=A_0C_0(R_0)^{1/2}=A_0(1/n)R^{2/3} \tag{5-12}$$

h_0 经过试算求得（试算至 $K_0=K$ 时为止）。

$$K_0=b\cdot h_0(1/n)R^{2/3} \tag{5-13}$$

式中　h_0——正常水深，m。

经计算 $h_0=0.22$m。

根据以上水力计算，初步确定急流槽矩形断面为底宽40cm，深22cm，并依据施工规范和安全超高要求，安全超高取20cm。最终确定矩形急流槽断面尺寸为底宽40cm，深42cm。采用M7.5浆砌石砌筑，如图5-6和表5-17所示。

表5-17　　急流槽工程量表

工程名称	单　位	数　量	工程名称	单　位	数　量
人工挖土方	m^3/m	0.92	C15混凝土	m^3/m	0.06
原土夯实	m^3/m	0.20	M7.5浆砌石	m^3/m	0.55
沥青麻絮	m^2/道	0.03			

4）消力池设计。如公式（5-14）、公式（5-15）所示：

$$d=1.25(h_2-h_{下}) \tag{5-14}$$

$$h_2=h_1/2\times\{[1+8\times a\times Q^2/(g\times b^2\times h_1^3)]^{1/2}-1\} \tag{5-15}$$

式中　d——消力池设计深，m；

h_1——水跃第一共轭水深，即 $h_1=h_0$，0.22m；

h_2——水跃第二共轭水深，m；

$h_{下}$——下游水深，0.2m；

b——上游进水口渠宽（为急流槽底宽，0.40m）。

经计算 $h_2=1.16$m；消力池深 $d=1.2$m；消力池长度 $L=(3\sim5)\times h_2$，取 $L=4h_2$，经计算 $L=4.64$m；消力池宽 $b_0=b+0.3$，经计算 $b_0=0.70$m。

根据计算结果，增加安全超高20cm，则消力池设计尺寸取值为：长4.64m，宽0.70m，深1.40m。采用M7.5浆砌石砌筑，底部及壁厚30cm，为保证上游来水经消力后不再对下游沟道造成侵蚀，在消力池尾部增加尾水渠，并做好与原有沟道的衔接，尾水渠采用M7.5浆砌石砌筑，出口采用八字形散水。

5）尾水排水沟。尾水排水沟上接消力池，主要是将消力池中的水通过尾水排水沟与自然沟道衔接，防止新的水土流失发生。

水力计算按照上述截水沟明渠均匀流公式（5-1）进行计算。Q 为采用急流槽设计流量，取0.5009m^3/s，其他参数同截水沟。

尾水排水沟水力计算结果如表5-18所示。

根据安全超高要求，安全超高取17cm；经计算，尾水排水沟设计流速为2.60m/s，满足浆砌石排水沟$V_{不淤}=0.4m/s<V=2.60m/s\leqslant V_{不冲}=3.0m/s$的要求。并依据施工规范和施工最小断面的要求，底宽需大于20cm。因此，确定的尾水排水沟设计尺寸如表5-19所示。

表5-18　　尾水排水沟水力计算表

流量Q /(m^3/s)	过水面积A /m^2	湿周X /m	水力半径R /m	谢才系数C	过水流量 /(m^3/s)	比降i	流速V /(m/s)
0.5009	0.20	1.26	0.16	29.38	0.5157	5%	2.60

表5-19　　尾水排水沟设计结果表

项目名称	设计结果	断面尺寸/m			
		底宽	深	纵坡	安全超高
尾水排水沟	计算值	0.60	0.33	5%	—
	确定值	0.60	0.50	5%	0.17

尾水排水沟采用M7.5浆砌石砌筑，底部垫10cm厚的碎石。如图5-7和表5-20所示。

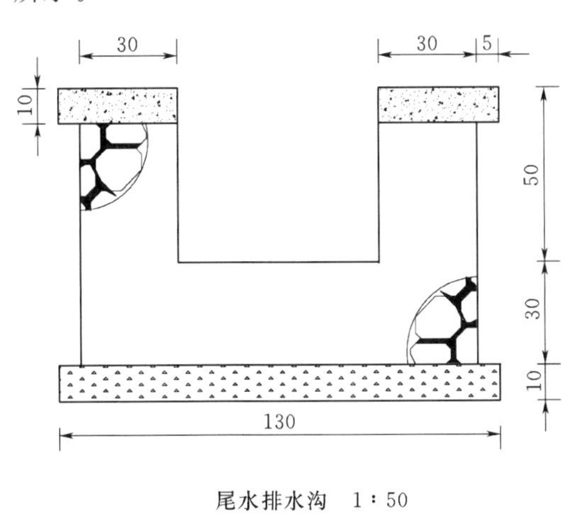

图5-7　尾排水沟设计（单位：cm）

表5-20　尾水排水沟工程量表

工程名称	单　位	数　量
人工挖土方	m^3/m	1.20
原土夯实	m^3/m	0.24
沥青麻絮	m^2/道	0.03
C15混凝土	m^3/m	0.06
碎石垫层	m^3/m	0.12
M7.5浆砌石	m^3/m	0.66

第6章　雨水集蓄利用工程

雨水集蓄利用工程是指对降雨径流进行汇聚、收集、蓄存、调节和利用的工程。宁夏位于西北干旱地区，为充分开发和高效利用雨水资源，缓解水资源的不足，雨水集蓄利用工程的建设十分必要。根据利用方式的不同可分为蓄水工程、节水灌溉工程和入渗工程。

6.1　蓄水工程（蓄水池）

蓄水工程是为了收集蓄存降水径流而建设的工程，一方面蓄集项目建设区内的降雨径流，减少洪水危害，另一方面为项目区绿化提供灌溉水源。蓄水工程的主要形式有蓄水池、水窖等，其中水窖常用于农村人畜用水方面，而蓄水池多用于生产建设项目。

（1）适用区域。适用区域如下：

1）蓄水池主要适用于各类建设项目主体工程永久占地范围永久办公生活区附近、具有一定硬化面积的区域。所蓄集的降雨径流主要用于绿化灌溉用水，故多位于办公区绿化区域内或绿化区域附近。

2）主体工程永久占地范围内硬化道路两侧、绿化区域内或附近。

3）总体坡降大于2%、土壤透水性较差（黏土、焦土）的光伏电站，可结合道路截排水工程建设蓄水池。

（2）设计要点。蓄水池设计要点主要有蓄水池形式、建设地点、蓄水池容积、池体结构、结构要求等。

1）蓄水池形式。蓄水池一般分为开敞式和封闭式两种形式。开敞式蓄水池多用于区域地形比较开阔，且受水对象所需水质要求不高时，多用于山区；封闭式蓄水池适用于区域占地面积受限制或城镇建设项目区的蓄水工程。宁夏生产建设项目中以封闭式蓄水池为主。

2）蓄水池建设地点。蓄水池建设地点一般位于项目区地势相对较低的区域，有利于径流汇集；多位于绿化区域内或附近，方便绿化灌溉；不能影响主体工程安全及工程建设，不能影响厂区内交通运行；建设地点地基基础相对完整，没有沉陷或裂缝。

3）蓄水池容积的确定。蓄水池容积主要由有效蓄水容积、池体的泥区容积和池体超高容积组成。

池体泥区容积根据所收集雨水的水质和排泥周期来确定，封闭式蓄水池可以参照污水沉淀池设置专用泥斗以节省空间；敞开式蓄水池排泥周期相对较长，泥区深度可按200～300mm来考虑。

蓄水池超高可根据表6-1的规定取值。封闭式应不小于0.3m，开敞式应不小于0.5m。

表 6-1　　　　　　　　　　　　蓄水池超高值

蓄水容积/m^3	<100	100～200	200～500
超高/cm	30	40	50

有效蓄水容积根据当地地质条件和施工条件确定，一般为 50～200m^3。考虑到宁夏生产建设项目多位于干旱地区，水资源紧张，为提高蓄水池利用效率，多考虑复蓄指数，一般为 1.3～1.5，即单个蓄水池的有效蓄水容积可按照 70～280m^3 计算。

4）可集水量确定。可集水量可根据项目区土地利用现状，按公式（6-1）计算：

$$W = \sum S_i K_i P_p / 1000 \qquad (6-1)$$

式中　W——年可集水量，m^3；

S_i——第 i 种材料的集流面面积，m^2；

K_i——第 i 种材料的径流系数，详见表 6-1；

P_p——保证率为 p 时的年降雨量，mm，可查阅水文手册，保证率 p 一般取 10%。

5）蓄水池数量确定。蓄水池数量的确定既要考虑绿化需水要求，还要考虑项目区可集水量。干旱地区一般情况下以蓄为主、蓄排结合。当项目区可集水量小于需水量时，应全部拦蓄；当项目区可集水量大于需水量时，以蓄为主、蓄排结合。

6）池体结构设计。蓄水池池体结构形式通常为圆形或矩形，池底及边墙可采用浆砌石、素混凝土或钢筋混凝土砌筑，最冷月平均气温高于 5℃的地区也可以采用砖砌，但应采用防水水泥砂浆抹面。池底采用浆砌石砌筑时，应坐浆砌筑，池体砂浆标号不低于 M10，厚度不小于 25cm。蓄水池进水口需设堵水设施，同时还应设溢流设施，溢流管口设于正常蓄水位处。池内还需设置爬梯，池底设排污管。封闭式水池应设置清淤检修孔，开敞式蓄水池应设置护栏，高度不低于 1.1m。

蓄水池底板的基础必须满足地基承载力的要求，基础必须置于完整紧实的地基上，不允许坐落于半岩基半软基或直接置于高差较大或破碎的岩基上。当基础为弱湿陷性黄土时，池底应进行翻夯深度，采取浸水预沉等措施处理。当位于湿陷性黄土基础上时，应优先采用钢筋混凝土或素混凝土材料的蓄水池。

7）蓄水池结构要求。根据不同型式蓄水池的结构要求分别如下：

①开敞式蓄水池。开敞式蓄水池又分为全埋式和半埋式两种，全埋式蓄水池使用较广泛，半埋式蓄水池主要分布在开挖比较困难的地区，其出露地表部分应小于 1/3 蓄水池高度，且池体容积一般不小于 30m^3。

池底结构形式可采用矩形和圆形，圆形池因受力条件好，应用较多。若采用矩形时，池体拐角处需采取防范加固措施，当蓄水量小于 60 m^3 时，多为近正方形布设，当蓄水池长宽比超过 3 时，池体中间需布设隔墙，隔墙上部留水口，以减少边墙侧压力及有效沉淀泥沙。

池体由池底和池墙两部分组成，池底多为混凝土浇筑，混凝土标号应不低于 C15。容积小于 100m^3，池底厚度宜为 10～20cm；容积不小于 100m^3，池底厚度宜为 20～30cm。池墙通常采用砖石、条石、混凝土预制块浆砌，水泥砂浆抹面并进行防渗处理而成，池墙厚度通过结构计算确定，一般为 20～50cm。

当蓄水池为高位蓄水池时，底部出水管的位置一般应高于池底30cm，以利于水体自流使用。同时在池壁正常蓄水位处设置溢流装置泄水口。

开敞式全埋蓄水池池体近地面处应设池沿，池沿需高出地面至少30cm，以防池周泥土及污物进入池内。同时在池沿上设置护栏，护栏高度不低于110cm。池内可设踏步以方便取水。如图6-1所示。如遇软弱地基，须进行处理；护栏采用混凝土块砌筑；护底混凝土浇筑时，靠墙体应倒45°角衬护，高度为10cm；墙后分层回填夯实。

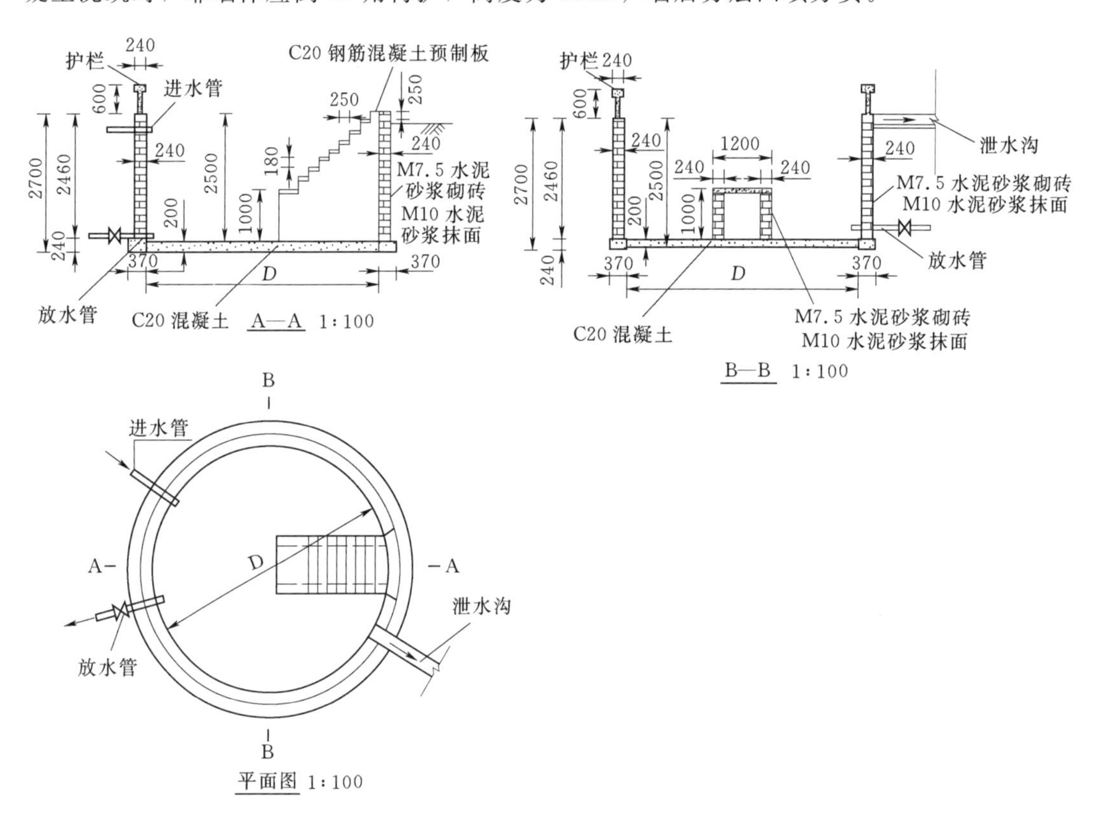

图6-1　开敞式蓄水池设计（单位：mm）

②封闭式蓄水池。封闭式蓄水池池体设在地面以下，防冻、防蒸发效果好，可常年蓄水，也可季节性蓄水，适应性强，但施工难度大，费用较高。池体结构形式可采用方形、矩形或圆形，池体材料多为浆砌石、素混凝土或钢筋混凝土等。

蓄水池底宜设集泥坑和吸水坑，池底以不小于5%的坡度坡向集泥坑，同时于集泥坑上方设检查口，以利清理淤泥。

（3）蓄水池施工要求。它主要包括管道铺设、池体开挖两方面。

1）管道敷设。室外埋地管道的覆土深度，应根据各地区土壤冰冻深度、车辆荷载、管道材质及管道交叉等因素确定，管顶最小覆土深度不应小于土壤冰冻线以下0.15m，行车道下的管顶覆土深度不宜小于0.7m。

室外埋地管道管沟的沟底应为原状土层或夯实的回填土，沟底应平整，不得有突出的坚硬物体。管顶上部500mm以内不得回填直径大于100mm的块石和冻土块，500mm以

上部分，不得集中回填块石或冻土。

2）池体开挖。池体开挖基础应置于完整、均匀的地基上。不宜在地基条件不均匀或地下水位高的地方以及破碎的岩基上建蓄水工程。当地基承载力不满足时，应根据设计提出对地基的要求，采取加固措施，如扩大基础、换基夯实等措施。

池体开挖时，应根据土质、池深选定边坡坡度，以确保土体稳定。池深开挖应计算池底回填夯实和基础厚度，要求一次按设计要求挖够深度，禁止超挖。池（窖）体开挖中应随时注意土基或岩石有无变形，及时支护，防止塌方。雨天施工，应搭建遮雨棚，基坑周围应设排水沟。池（窖）土方开挖宜从中心向周围扩大，当基土容重低于1.5t/m³时，开挖范围应比设计尺寸小6～8cm，预留部分土应击实整平。

（4）工程实例。如图6-2所示。

(a) 中卫寺口子光伏电站内的封闭式蓄水池

(b) 华电宁东光伏电站内的封闭式蓄水池

图6-2　雨水集蓄利用应用实例

6.2　节水灌溉工程

节水灌溉工程是为保证或提高植物措施成活率而配套建设的灌溉工程。宁夏位于西北干旱地带，因水资源非常紧张，蒸发强烈，故园林式绿化和乔木种植多配套建设灌溉工程，且必须为节水灌溉工程。常用的节水灌溉工程主要包括喷灌、滴灌、小管出流灌溉等。

6.2.1　喷灌

喷灌是利用管道、有压喷头将水分散成细小水滴，均匀地喷洒到田间，对植物进行浇灌的一种先进的机械化、半机械化灌水方式。

按照主管道形式区分，喷灌有管道式、平移式、中心支轴式、卷盘式和轻小型机组式。管道式微喷灌溉又可分为固定管道式喷灌、半固定管道式喷灌和移动管道式喷灌，生产建设项目中多为固定管道式喷灌。

按照喷头水头压力和射程半径又可分为微喷和大型喷灌，微喷一般喷头水头压力小于15m，射程半径小于8m。生产建设项目植物措施面积相对较小、位置分散、不规则，多使用微喷。生产建设项目中多采用管道式微喷灌溉方法。

（1）适用范围。主要适用于生产建设项目植被建设中的人工草地或人工草地兼种小型灌木区域的灌溉。

（2）设计要点。喷灌工程的设计要点主要有喷灌工程技术指标的确定、作物年需水量的确定、喷灌工程布局等。

1）技术指标的确定。它主要包括喷灌保证率、均匀度、强度和雾化程度方面。

①喷灌保证率：喷灌工程的设计标准必须满足灌溉保证率不低于85%，一般按照这个标准合理配套水源工程、布局管网、选择喷头组合型式、设计灌水强度和灌溉制度。

②喷灌均匀度：宁夏喷灌工程设计规定，在设计风速下，固定管道式喷灌系统的组合均匀系数不低于85%，移动管道式喷灌组合均匀系数不低于75%。

③喷灌强度：要求喷头的组合喷灌强度不得大于当地土壤的允许喷灌强度。宁夏喷灌工程设计规定，对于固定管道式喷灌系统，不同质地的允许喷灌强度可按表6-2要求，当有良好覆盖时，允许喷灌强度可提高20%。

表6-2　　各类土壤的允许喷灌强度

土壤类别	允许喷灌强度/(mm/h)	土壤类别	允许喷灌强度/(mm/h)
砂土	20	壤黏土	10
砂壤土	15	黏土	8
壤土	12		

当地面坡度大于5%时，允许喷灌强度应按表6-3进行折减。

表6-3　　不同坡度各类土壤允许喷灌强度折减系数

地面坡度/%	允许降低喷灌强度/%	地面坡度/%	允许降低喷灌强度/%
5～8	20	13～20	60
9～12	40	>20	75

④雾化程度：表示喷洒水在空中裂散程度的指标，常用喷头工作水头与主喷嘴直径的比值表示（Hp/d），比值越大，雾化程度越高。按国标规定，不同作物的喷灌雾化程度如表6-4所示。

表6-4　　不同作物的喷灌雾化程度

种　　类	雾化程度/(Hp/d)	种　　类	雾化程度/(Hp/d)
蔬菜及花卉	4000～5000	牧草、饲料作物、草坪及绿化林木	2000～3000
粮食作物、经济作物及果树	3000～4000		

2）作物年需水量确定。其主要内容如下：

灌水定额设计如公式（6-2）所示：

$$M=1000Z\gamma(\theta_{max}-\theta_{min})/\eta \tag{6-2}$$

式中　M——设计灌水定额，mm；

θ_{max}、θ_{min}——适宜土壤含水率上、下限（占干土质量的百分比，一般 θ_{max} 为田间最大持水率的 90%，θ_{min} 为田间最大持水率的 65%）；

η——喷洒水利用系数，宁夏的喷灌工程设计时，应该参照规划区多年平均风速，在风速低于 3.4m/s 时，$\eta=0.8$；在风速为 3.4～5.4m/s 时，$\eta=0.7$；

Z——土壤计划湿润层深度，m，一般取 0.45m；

γ——土壤干容重，g/cm^3。

灌水周期如公式（6－3）所示：

$$T=M\eta/E_a \tag{6-3}$$

式中　E_a——设计耗水强度，采用年灌溉季节月平均耗水强度峰值，牧草为 4～6mm/d。

作物年需水量＝灌水定额×灌溉面积×生育期/灌水周期。

3）喷灌工程设计。喷灌工程设计主要包括以下内容：

①灌溉水源：明确灌溉水源和水质，分析灌溉水源类型、数量，分析灌溉水源的保证程度；灌溉水质标准不达标时，需进行净化处理。地下水可直接应用于喷灌。

②设备选型：喷头选型是管道式喷灌设备选型的核心。喷头的选型必须根据设计作物的喷灌强度、喷灌均匀度、雾化程度，通过经济喷头压力计算，选择适宜的喷头。

③管网布置：喷灌工程的管网可根据干旱区地形、形状、水源位置，按照非字形、梳状等形式布局。固定管道式喷灌喷头多按正方形或三角形布设，主干管、分干管、干管及支管均埋于地下固定不动，上下级管道相互垂直。水泵通过主干管分别向干管、分干管、支管供水。支管间距和喷头间距均按照确定的喷头组合间距设计。边界和角地采用可控角喷头，中间部分采用全圆喷头。为满足喷灌均匀系数的要求，喷灌系统中同一支管上首、末喷头的压力差不低于喷头工作压力的 20%，所有喷头的工作压力不低于设计喷头工作压力的 90%。管网的布局应该采用多方案比较，必要时采用年费用最小方法进行优化比选。

④喷灌工作制度的确定：喷头在同一工作点上的喷洒时间按公式（6－4）计算：

$$t=abm/1000q \tag{6-4}$$

式中　t——喷头在一个位置的工作时间，h；

a——喷头间距，m；

b——支管间距，m；

m——设计灌水定额，m^3/亩；

q——喷头流量，L/h。

⑤喷头每日可喷洒的工作位置轮换数：每日可喷洒的工作位置轮换数由公式（6－5）计算：

$$n=t_{日}/t_{点} \tag{6-5}$$

式中　n——喷头每日可喷洒的工作位置轮换数；

$t_{日}$——日喷灌作业时间（固定式喷灌取 12～20h）；

$t_{点}$——喷头在工作点上喷洒时间，h。

⑥设计流量的确定：为了有效减少系统投资，设计中采用主干管、干管续灌，分干

管、支管轮灌的工作制度。根据管道系统的布置情况，拟定每次灌水同时开启的喷头数量和支管数量。首先确定单根支管最多开启的喷头个数、支管流量、同时工作支管数个数，确定分干管流量；再次确定同时工作的分干管数量，确定干管流量，根据干管数量、各干管流量，最后确定主干管流量，也即水源供水流量。

⑦管网水力计算：以最不利支管道（距水源最远处）进行计算，如公式（6－6）所示：

$$D=(4Q/3.14V)^{0.5} \tag{6-6}$$

式中　D——管道内径，mm；

V——管内流速，m/s，取 1.5m/s。

经计算，可确定主干管、干管、分干管、支管管径。

水头损失按公式（6－7）计算：

$$h_f=fQ^mL/d^b \tag{6-7}$$

式中　h_f——干、支管沿程水头损失，m；

f——摩阻系数，取 0.948×10^5；

Q——流量，m^3/h；

L——管道长度，m；

m——流量指数，硬塑料管取 1.77；

b——管径指数，硬塑料管取 4.77。

经计算，可确定主干管、干管、分干管、支管水头损失，最终确定管道最不利点总水头损失。

⑧喷灌管网结构设计：根据喷灌区地形、水源位置、喷头性能、喷头组合间距，规划布局管网，并进行管网优化比选，最终确定管网布局。在管道的三通、弯头处均设混凝土现浇镇墩，在首部设置压力表、过滤器、闸阀，在泵房外主管道上设排水阀井，以便秋冬季排水。

⑨水泵选型：根据喷头压力、各管段水头损失、首部枢纽系统水头损失及动水位，按照公式（6－8）计算系统总扬程：

$$H=H_{喷头}+\Delta H_{管}+\Delta H_{首}+\Delta H_{泵}+\Delta Z \tag{6-8}$$

式中　$H_{喷头}$——喷头正常工作压力水头，m；

$\Delta H_{管}$——管道总水头损失，包括沿程水头损失和局部水头损失，m；

$\Delta H_{首}$——首部枢纽系统水头损失，m；

$\Delta H_{泵}$——水泵至首部枢纽管路的水头损失，m；

ΔZ——泵站（机井）动水位与最不利高点的高差。

根据设计流量、系统总扬程，可从定型水泵手册选用水泵。当采用机井水源时可采用潜水泵，当采用黄河水源时可采用离心泵。

⑩过滤器及施肥系统的选择：采用机井水源喷灌时，可采用离心过滤器；当采用黄河水喷灌时，需配套调蓄沉砂池＋碟片过滤器，或调蓄沉砂池＋筛网过滤器在施肥装置的配套中，可在喷灌系统首部安装压差式施肥罐、注肥泵等。喷灌设计示意图如图 6－3 所示。

（3）设计案例。项目概况：某电厂为绿化美化环境，需对 6.88hm^2 的绿化区域布设喷

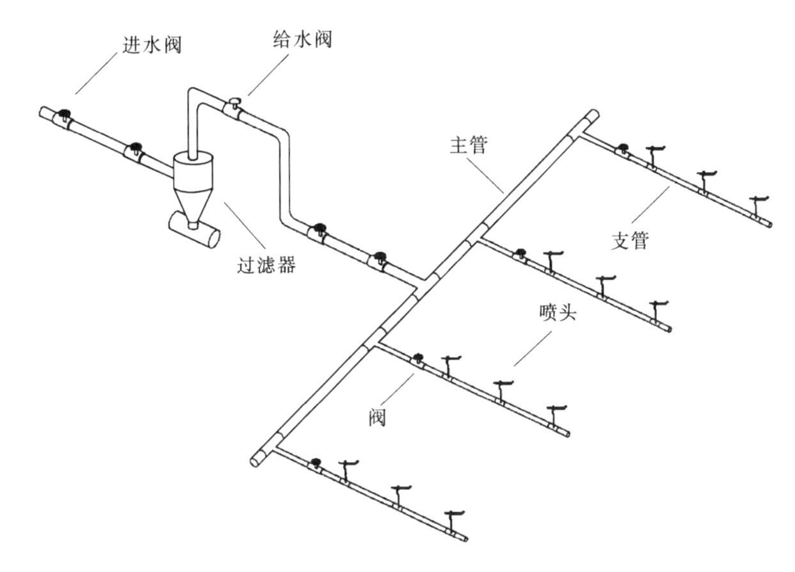

图6-3 喷灌系统组成示意图

灌系统，假设灌溉水已进厂、有保障。根据《喷灌工程技术规范》（GB/T 50085—2007）和《微灌工程技术规范》（GB/T 50485—2009），其灌溉设计如下：

1）设计灌水定额，如公式（6-9）所示：

$$m=0.1H\rho\pm(B_1-B_2)\frac{1}{\eta} \tag{6-9}$$

计算得：$m=22.5$mm，即 $M=15\text{m}^3$/亩。

2）设计喷灌周期，如公式（6-10）所示：

$$T=\frac{m}{e}\eta \tag{6-10}$$

计算得：$T=4.8$d，取5d。

3）喷灌系统管道布置、喷头选型及组合形式的确定。设计绿化区域地形较平坦，采用固定式管道喷灌系统，主干管就近从电厂厂区内设计铺设的生活用水管道接到厂区空地绿化地边缘布设，分干管垂直干管沿绿化地中央布设，支管垂直于分干管等间距、等长度布设，主干管、分干管、支管埋深均不小于1.10m。支管接长为2m的竖管，竖管采用ϕ32PVC管（0.4MPa、壁厚为2.0mm），露出地面40cm，灌水时喷头安装在竖管上。

因本灌溉区域土壤为灰钙土，根据各种喷头的特性和适用范围，从雨鸟10F系列MPR喷嘴性能中查得10F喷嘴，当喷嘴直径 $d=8$mm、工作压力 $P=0.2$MPa时，草坪的雾化指标在2000～3000之间，其雾化程度 $H/d=2500$，在适宜范围内，故决定采用雨鸟10F系列MPR喷嘴。其主要性能如表6-5所示。

表6-5　　10F系列MPR喷嘴参数表

喷嘴型号	喷嘴直径 d /(mm)	工作压力 P /(MPa)	喷水量 q /(m^3/h)	射程 R /m	喷灌强度 ρ /(mm/h)
10F	8	0.20	0.35	3.0	39

①喷头组合形式的确定。项目区主导风向为西南风，平均风速为2.6m/s，支管垂直于主风向，采用矩形组合形式布设，根据本灌区实际情况，初选支管长度为12.5m。管网布设以脱硫吸收塔北侧绿地为例。

②喷头和支管间距的确定。相关数据如下：

喷头间距：$a=1.42R$，设$R=3.0$m，a取4.0m；

支管间距：$b=1.42R$，设$R=3.0$m，b取4.0m。

喷头采用全圆喷灌的喷洒方式，按正方形布置，采用4.0m×4.0m组合间距。

③校核组合喷灌强度如公式（6-11）所示：

$$\rho_{系}=\frac{1000q\eta}{ba} \tag{6-11}$$

式中　$\rho_{系}$——喷灌系统组合喷灌强度，mm/h；

q——喷头的流量，m^3/h，取0.35m^3/h；

η——喷洒水利用系数，取0.8；

b——支管的间距，m，取4m；

a——喷头的间距，m，取4m。

计算得：$\rho_{系}=17.5$mm/h。

此喷头喷灌强度小于灰钙土的允许的最大喷灌强度20mm/h，所选择喷头能满足灌溉要求。

4）喷灌系统的工作制度和运行方案的拟订。主要内容如下：

①喷头在一个位置上的工作时间，如公式（6-12）所示：

$$t=\frac{bam}{1000q} \tag{6-12}$$

式中　t——喷头在一个位置上的工作时间，h；

b——支管的间距，m，取4m；

a——喷头的间距，m，取4m；

m——设计灌水定额，mm，取30mm；

q——喷头的流量，m^3/h，取0.35m^3/h。

计算得：$t=1.37$h。

②喷头每日移动次数。因每日工作时间为10h，所以喷头每日需移动次数为$n=\frac{10}{1.37}=7.29$次，取7次，则每日实际工作时数为9.60h。

③同时工作的喷头数如公式（6-13）所示：

$$N_{喷头}=\frac{A}{Tc}\cdot\frac{t}{ba} \tag{6-13}$$

式中　$N_{喷头}$——同时工作的喷头数；

A——喷灌系统的总灌溉面积，m^2，68800m^2；

c——喷灌系统每天实际工作时数，h，取9.60h。

计算得：$N_{喷头}=614.29$个，则同时工作的喷头数取614个。

同时工作的支管条数如公式（6-14）所示：

$$N_{支}=\frac{N_{喷头}}{n_{喷头}} \tag{6-14}$$

式中　$N_{支管}$——同时工作的支管条数，条；

$N_{喷头}$——同时工作的喷头数，取 614 个；

$n_{喷头}$——1 条支管上的喷头数，个，布设 4 个。

计算得：$N_{支}=154$ 条，则同时工作的支管条数为 154 条。

主干管采用续灌，分干管、支管、喷头采用轮灌，拟定每条支管上安装 4 个喷头，同时运行 154 条支管、614 个喷头，以每次同时喷洒的 154 条支管为 1 个设计灌溉单元，其喷洒面积为 9824m² (14.74 亩)，因此该灌溉区域 6.88hm² 分为 7 个设计单元进行轮流灌溉，每个喷头在同一个位置灌溉时间为 1.37h，每天运行时间按 10 h 计，喷头每日可移动 7 次，每日实际工作时间为 9.60h，灌完整个区域需 1d。按全年 3—10 月份灌水 25 次计算（3 月份灌 1 次，4 月份、5 月份各灌 3 次，6 月份、7 月份、8 月份各灌 5 次，9 月份灌 2 次，10 月份灌 1 次），灌水定额为 15m³/亩，全年灌溉定额为 375m³/亩，项目建成后，该绿化区域全年需水总量 3.87 万 m³。全年的灌水次数也可根据当地的实际降雨情况、土壤水分和草坪的长势状况适时拟定。

5）管道水力计算。它主要包括干管管径的计算和支管管径的确定。

①干管管径的计算如公式（6－15）所示：

$$D=1.13\sqrt{\frac{Q}{V}} \tag{6-15}$$

计算得：$D_{主干管}=127.5\text{mm}$，$D_{分干管}=90.1\text{mm}$。

根据主干管、分干管的流量，主干管选用 ϕ160PVC 管（0.4MPa、壁厚为 3.7mm），内径为 152.6mm，分干管选用 ϕ110PVC 管（0.4MPa、壁厚为 2.5mm），内径为 105mm。

②支管管径的确定。喷头的工作压力 P 为 0.2MPa，即工作水头 H 为 20m，按规范要求，喷头允许压差为：$0.2H=4\text{m}$，支管 14.0m 长，地形高差为 1m，则支管允许最大水头损失为 $\Delta h=3\text{m}$。根据公式（6－16）、公式（6－17）反求支管最小内径：

$$\Delta h=\frac{kfSq^{m}}{d^{b}}\left[\frac{(N+0.48)^{m+1}}{m+1}-N^{m}\left(1-\frac{S_0}{S}\right)\right] \tag{6-16}$$

$$d_{min}=\left\{\frac{kfSq^{m}}{\Delta h}\left[\frac{(N+0.48)^{m+1}}{m+1}-N^{m}\left(1-\frac{S_0}{S}\right)\right]\right\}^{1/b} \tag{6-17}$$

计算得：$d_{min}=22.6\text{mm}$，选用 ϕ32PE 管（0.4MPa、壁厚为 2.0mm），内径为 28mm。计算结果及选择管径如表 6－6 所示。

表 6－6　　计算管径与选择管径表

管段	流量 /(m³/h)	计算管道内径 /mm	选用管道外径 /mm	选用管道内径 /mm	壁厚 /mm
PVC 主干管	50.4	127.5	160（0.4 MPa）	152.6	3.7
PVC 分干管	25.2	90.1	110（0.4 MPa）	105	2.5
PE 支管	1.05	22.6	32（0.4MPa）	28	2.0

6）水头损失计算。主要包括以下内容：

①干管的水头损失计算如公式（6-18）所示：

$$h_{f干管}=\frac{kfLQ^{m}}{d^{b}} \tag{6-18}$$

计算得：$h_{f主干管}=0.91m$，$h_{f分干管}=0.74m$。

②支管的水头损失计算如公式（6-19）所示：

$$h_{f}=\frac{kfSq^{m}}{d^{b}}\left[\frac{(N+0.48)^{m+1}}{m+1}-N^{m}\left(1-\frac{S_{0}}{S}\right)\right] \tag{6-19}$$

计算得：$h_{f支}=0.56m$。

③管道的沿程水头损失：$\sum h_{f}=h_{f主干管}+h_{f分干管}=2.21m$。

④局部水头损失按 h_{f} 的 10%估算，$h_{i}=0.1\sum h_{f}=0.22m$。

⑤总水头损失：$hw=\sum h_{f}+h_{i}=2.43m$。

地形高差为 1m，支管布设有逆坡和顺坡，按逆坡考虑，则 $h_{w}\leqslant 0.2H-1=3m$，满足要求。灌溉用水接引厂区生活用水管道，水质和流量、水压均可满足所选喷头的喷溉要求。

喷灌系统设计材料用量如表 6-7 所示。

表 6-7　　厂区绿地喷灌材料设备用量汇总表

名称	规格型号		单位	数量	
				1 个灌溉单元	7 个灌溉单元
压力表	Y—150		个	1	7
PVC 管	主干管	0.4MPaϕ160×3.7mm	m	220.00	1540.00
	分干管	0.4MPaϕ110×2.5mm	m	102.50	717.50
PE 支管	0.4MPaϕ32×2.0mm		m	2156.00	15092.00
竖管（壁厚 2.0mm）	DN32		m	1228.00	8596.00
钢管	（DN32mm）		m	14	98
喷头	羽鸟 10F 系列 MPR 喷嘴		个	614	4298
90°弯头	ϕ110		个	37	259
四通	ϕ110×32		个	37	259
异径三通	ϕ110×160×110		个	74	518
	ϕ110×32×110		个	154	1078
正三通	ϕ32		个	614	4298
闸阀	ϕ160		个	1	7
	ϕ110		个	1	7
球阀	ϕ32		个	1	7
排气阀	ϕ160		个	1	7
泄水阀	ϕ110		个	1	7
管槽	挖方		m^3	1370.00	9590.00

(4) 工程实例。工程实例如图 6-4 所示。

(a) 中卫沙漠光伏电站微喷灌溉

(b) 宁煤烯烃宁东厂区微喷灌溉

(c) 宁夏石沟驿煤矿绿化微喷灌溉

图 6-4　喷灌工程实例

6.2.2　滴灌（小管出流）

滴灌是按照作物需水要求，通过低压管道系统与安装在毛管上的灌水器，将水和植物需要的养分一滴一滴均匀而又缓慢地滴入作物根区土壤中的灌水方法。按照管道的固定程度，滴灌可分固定式、半固定式和移动式三种类型。

小管出流是一种适合果树林木灌溉的新型节水灌溉方式，小管出流指在 PE（聚乙烯）支管上安装紊流器以后，在紊流器另一端安装紊流器毛管，直达作物根部的节水灌溉方式。小管出流属于滴管的一种形式，出水量较常规滴头的出水量大，一般为 100L/h 以上，常用于大型乔木的灌溉。小管出流的设计方法基本上与滴管系统的设计相同。

(1) 适用范围。主要适用于生产建设项目乔灌木等稀植林木的补充灌溉中。在生产建设项目防护林营造、行道树栽植时，多使用地面固定式滴灌。

(2) 设计要点。滴管工程设计要点主要有：灌溉水源、灌溉制度、管网布局、管材选择、工程量估算等。

①明确灌溉区域位置、面积。

②明确林草种植方式、各林草类型的面积和位置。

③水源确定：明确水源类型（地下水、黄河水、中水等），年度可供水量、供水过程，供水水质能否满足灌溉水质要求。

④制定灌溉制度：次灌水量、灌溉次数、灌溉时间、灌溉总量。

⑤管网布局：根据地形、作物布局、布设灌溉管网，应满足流量、压力要求、水头损失要求；确定灌溉均匀度、滴头间距，滴头流量，滴灌管间距、长度等。滴灌示意图如图6－5所示。

⑥确定水泵、过滤器、管材等设备或材料选型。

⑦估算工程量。

典型设计如图6－5所示。

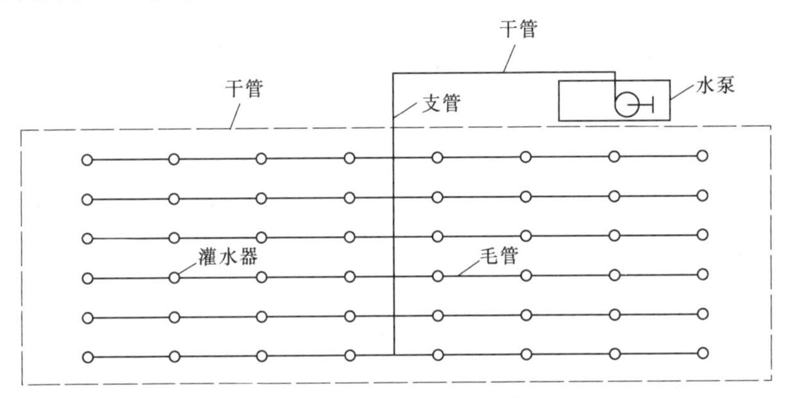

图6－5　滴管系统布局示意图

（3）工程实例。如图6－6和图6－7所示。

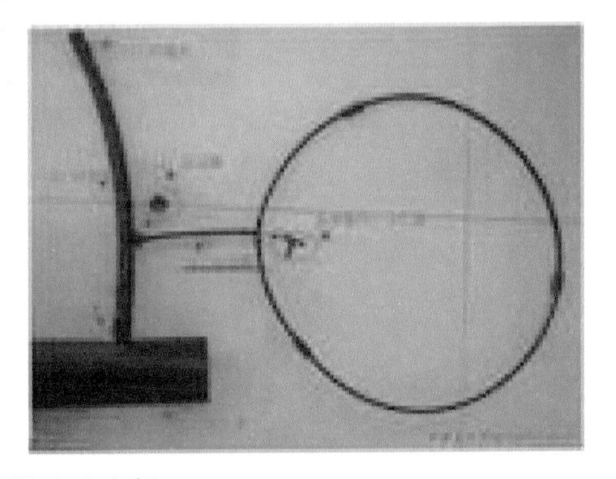

图6－6　小管出流实例

图6－7　滴灌工程实例

6.3 入渗工程

降水入渗工程主要是在地面铺装渗透能力较大的材料，如透水砖、砾石等，或利用天然下凹地形，拦蓄储存降雨径流，实现降雨快速入渗、减少水土流失、补给地下水、提高水资源利用率目的的工程。宁夏生产建设项目中常用的入渗工程形式主要有自然下凹式绿地、透水铺装地面、砾石覆盖地面入渗工程等。

6.3.1 下凹式绿地入渗工程

下凹式绿地入渗工程是利用天然下凹地形，拦蓄储存降雨径流的工程，是一种天然的渗透设施，具有透水性好、节省投资、便于雨水引入就地消纳等优点。

(1) 适用范围。下凹式绿地入渗工程多位于生产建设项目生产办公区，主要适用于径流较多且外排困难、周边有一定面积天然洼地的区域，多与植物措施的建设相结合。

(2) 设计要点。下凹式绿地入渗工程设计要点主要有渗透设施进水量确定、渗透设施的渗透量确定、下凹式洼地要求。

1) 渗透设施进水量计算。如公式 (6-20) 所示：

$$W_c = 1.25\left[60 \times \frac{q_c}{1000}(F_y \Psi_m + F_0)\right]t_c \tag{6-20}$$

式中 W_c——降雨历时内，进入渗透设施的设计总降雨径流量，m^3；

F_y——渗透设施服务的集水面积，hm^2；

F_0——渗透设施的直接受水面积，hm^2；

Ψ_m——平均径流系数；

t_c——降雨历时，min。

2) 渗透设施的渗透量。渗透设施的日渗透能力依据日雨水量当日渗透的原则而定。渗透设施的日渗透能力，不应小于其汇水面上的重现期 2 年的日雨水设计径流总量，其中入渗池、入渗井的日入渗能力应大于等于汇水面上的日雨水设计径流总量的 1/3。

下凹式绿地所接受的雨水汇水面积不超过该绿地面积 2 倍时，可不进行入渗能力计算。

①渗透量按公式 (6-21) 计算：

$$W_s = \alpha K J A_s t_s \tag{6-21}$$

式中 W_s——渗透量，m^3；

α——综合安全系数，一般可取 0.5～0.8；

K——土壤渗透系数，m/s；

J——水力坡度，一般可取 1.0；

A_s——有效渗透面积，m^2；

t_s——渗透时间，s。

②土壤渗透系数的确定。以实测资料为准，在无实测资料时，可参照表 4-8 选用。

表 6-8　　　　土壤渗透系数表

地　层	地层粒径		渗透系数 K/(m/s)
	粒径/mm	所占质量比例/%	
黏土	—	—	$<5.7\times10^{-8}$
粉质黏土	—	—	$5.7\times10^{-8}\sim1.16\times10^{-6}$
粉土	—	—	$1.16\times10^{-6}\sim5.79\times10^{-6}$
粉砂	>0.075	>50	$5.79\times10^{-6}\sim1.16\times10^{-5}$
细砂	>0.075	>85	$1.16\times10^{-5}\sim15.79\times10^{-5}$
中砂	>0.025	>50	$5.79\times10^{-5}\sim2.31\times10^{-4}$
均质中砂	—	—	$4.05\times10^{-4}\sim5.79\times10^{-4}$
粗砂	>0.50	>50	$2.31.7\times10^{-4}\sim5.79\times10^{-4}$
圆砾	>2.00	>50	$5.79\times10^{-4}\sim1.16\times10^{-3}$
卵石	>20.00	>50	$1.16\times10^{-3}\sim5.79\times10^{-3}$
稍有裂隙的岩石	—	—	$2.31\times10^{-4}\sim6.94\times10^{-4}$
裂隙多的岩石	—	—	$>6.94\times10^{-4}$

③渗透设施的有效渗透面积的确定。计算渗透设施的有效渗透面积时，水平渗透面按投影面积计算；竖直渗透面按有效水位高度的 1/2 计算；斜渗透面按有效水位高度的 1/2 所对应的斜面实际面积计算；位于地下的渗透设施不计顶板的渗透面积。

④渗透设施产流历时内的蓄积雨水量按公式（6-22）计算：

$$W_p=\max(W_c-W_s) \tag{6-22}$$

式中　W_p——产流历时内的蓄积水量，m^3，产流历时经计算确定，并宜小于 120min；

W_c——渗透设施进水量，m^3；

W_s——渗透设施渗透量，m^3。

⑤渗透设施的有效储水容积按公式（6-23）计算：

$$V_s\geqslant\frac{W_p}{n_k} \tag{6-23}$$

式中　V_s——渗透设施的有效储水容积，m^3；

W_p——产流历时内的蓄积水量，m^3；

n_k——存储层填料的孔隙率，孔隙率应不小于 30%，无填料者取 1。

3）下凹式洼地选择要求，具体要求如下：

尽可能利用现有天然洼地，应根据地形地貌、植被性能和总体规划要求进行布置，一般竖向上与地面的高差在 50～200mm。

土壤渗透系数一般应大于 10^{-6}m/s；地下水位低且距渗透面距离大于 1.0m。

应尽量将屋面、道路等各种铺装表面的雨水径流汇入绿地中蓄渗，以增大雨水入渗量，同时应有保障排涝安全的措施。

绿地雨水入渗设计时应采用分散的、小规模就地处理原则，尽可能就近接纳雨水径流，条件约束时可通过管渠输送至绿地。

下凹式绿地周边还需布设雨水径流通道，使超过设计标准的雨水经雨水口排出。雨水口通常采用平箅式，宜设在道路两边的绿地内，其顶面高程宜低于路面20～50mm，且不与路面连通，设置间距40m。

绿地入渗设施避免建在建筑物回填土区域内，距建筑物基础回填区域的距离应大于0.5m。

下凹式绿地植物应选用耐淹品种，种植布局应与绿地入渗设施布局相结合。由于花卉耐水性较差，设计、施工时应避免在绿地低洼处大量种植花卉，建议考虑种植耐水淹的植物。

6.3.2　透水铺装地面入渗工程

透水铺装地面入渗工程是指将透水良好、孔隙率高的材料用于铺装地面的面层与基层，使雨水通过人工铺装的多孔性地面，直接渗入土壤的一种渗透设施。

（1）适用范围。通常应用于生产办公区行人、非机动车通行的硬质地面以及工程管理场内不宜采用绿地入渗的场所；排水渠道底部，防止渠道冲刷的同时，增加径流入渗。

（2）设计要点。设计要点主要有：透水砖铺装区域及面积、透水砖材料的形状、透水砖铺装基础要求等。

1）根据工程特点确定铺装区域、面积，主要为项目区非机动车道、人行路、广场等。

2）透水砖铺装材料。透水路面砖通常是由特殊级配的骨料、胶凝材料、水及增强剂拌制成混合料，经特定工艺制成的预制品。通常应用的有混凝土透水砖、自然砂透水砖和陶瓷透水砖。透水砖厚度为40～120mm，工程中使用的透水砖各项性能指标应符合《透水砖》（JC/T 945）的规定，其渗透性能达到1.0×10^{-4}m/s。

设计时应明确透水砖的尺寸、厚度、强度要求。人行道厚度应选择50～60mm之间即可，透水率可选择5～10mm/s速率最好，中小雨可有即下即干的效果。车行道、停车场厚度可根据行车停车的种类不同选择80～120mm的产品。

3）透水砖基础。透水路面基础层包括找平层、基层和垫层。在使用中透水地面层渗透系数均应大于1.0×10^{-4}m/s，找平层和透水基层的渗透系数必须大于面层。当面层结构为透水水泥混凝土，或面层为小尺寸的透水砖时可不设置找平层。另外，当土基为透水性能较好的砂性土或底基层材料为级配碎石时，也可不设置垫层。找平层可以采用干砂或透水干硬性水泥中、粗砂等，厚度宜为2～3cm。

基层应选用具有足够强度的、透水水泥稳定碎石基层，基层厚度宜为15～30cm。其中级配碎石适用于土质均匀、承载能力较好的土基；透水水泥混凝土、透水水泥稳定碎石基层适用于一般土基。垫层材料宜采用透水性能较好的中砂或粗砂，厚度宜为4～5cm。

（3）工程实例。如图6-8所示。

6.3.3　砾石覆盖地面入渗工程

砾石覆盖地面入渗工程是将砾石覆盖在裸露地面上，增加雨水入渗、减少地表径流和水土流失的一种工程措施。

（1）适用范围。常用于以下区域：

(a) 华电光伏电站路面透水砖

(b) 滚红高速排水沟道回形砖入渗、防护

(c) 宁电投光伏电站厂区空心透水砖入渗工程

图 6-8　透水砖入渗措施工程实例

1）建设项目检修道路路面。

2）变电站、煤化工等厂区不易（宜）绿化区域。

3）缺水地区生产建设项目生产办公区有停放车辆需求的空闲地带。

4）缺乏植被生长条件的区域。

（2）设计要点。设计要点主要包括以下两个方面：

1）砾石覆盖厚度。砾石覆盖厚度取决于功能需求。只有水土保持功能时，砾石覆盖厚度 3～5cm 即可，材料也可根据项目区砾石的方便程度决定；既有水土保持功能要求，又有停车功能要求时，砾石覆盖厚度需适当加厚，5～10cm 即可；施工道路路面有大型车辆行车功能要求时，砾石覆盖厚度可增加至 10～20cm。

2）砾石粒径。砾石粒径大小一般在 0.5～2cm。当覆盖地面只有增加降雨入渗和防风固沙要求时，可不要求砾石粒径，根据当地材料的方便程度确定；当覆盖地面还有停车功能要求时，砾石粒径不应超过 2cm；覆盖地面主要功能要求为行车、且主要为大型施工车辆时，砾石粒径不应超过 5cm，且为多粒径混合料。

（3）工程实例。如图 6-9 所示。

(a) 中卫寺口子光伏电站检修道路砾石覆盖

(b) 中卫寺口子光伏电站厂区砾石覆盖入渗工程

(c) 蒋家南变电站不宜绿化区域砾石覆盖入渗工程

(d) 华电宁东光伏电站施工道路卵石覆盖

图6-9　砾石覆盖入渗工程实例

第7章 土地整治工程

土地整治是指对破坏或占压的土地采取措施，使之恢复到所期望的利用状态的活动或过程。生产建设项目水土保持工程中的土地整治是指对因生产、开发和建设而占压、扰动、损毁的土地，进行保护、平整、改造和修复，使之达到可开发利用状态的水土保持措施。主要措施包括表土剥离、土地的平整及翻松、覆土、田面平整、犁耕和土壤改良等。主要对象有占压、扰动、损毁的各类土地，堆弃形成的弃土（渣、灰）场，开挖形成的取土（石、料）场，以及基建施工扰动、压占（临时施工道路、施工场地、永久占地内空旷场地等）所形成的各种破坏面。

7.1 土地的平整及翻松

土地的平整及翻松主要是指对扰动后凹凸不平的土地需采用机械削凸填凹进行粗平整，以便于扰动土地的恢复与利用，包括全面成片平整、局部平整和阶地式平整三种形式。

（1）适用条件。适用条件主要包括以下三个方面：

1）工程建设过程中，由于开挖、回填、取土（料）、排放废弃物及清淤等扰动或占压地表形成的裸露土地，包括平面和坡面，在恢复植被前根据植物种植要求采取的土地整治措施。

2）工程建设结束，施工临时征占区如施工作业区、施工道路区、施工生产生活区及加工厂等需要恢复植被的土地整治。

3）工程永久占地范围内需恢复植被的其他裸露土地的整治，以及工程永久占地范围内工程建设未扰动但根据美化环境和水土流失防治要求需要种植林草的土地。

（2）设计要点。设计要点主要包括以下两个方面：

1）使用材料。扰动占压土地的平整及翻松常用的机械有推土机、挖掘机、平地机、耙地机和拖式铲运机等。

2）技术要求。技术要求主要包括以下内容：

①对恢复为耕地的土地，根据不同耕地类型，对于坡度不大于15°的坡地，主要进行场地清理、翻耕和边坡碾压；而对于坡度不大于25°的台地梯田，主要是场地清理、翻耕、粗平整和细平整。

②对恢复为草地的土地，根据恢复形式的不同，对于坡度小于45°且采用撒播方式的坡地，平整的内容主要有场地清理、翻松地表、粗平整和细平整等；而对于坡度大于45°且采用喷播方式的坡地，平整内容包括修整坡面浮渣土、凿毛坡面增加粗糙率等；对于草皮移植的坡地，土地平整主要有翻松地表，将土块打碎，清除砾石、树根

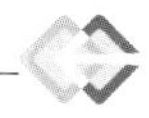

等垃圾，平整等。

③对恢复为林地的土地，根据地形的不同，坡面上的土地平整有场地清理和翻松，一般采用块状整地和带状整地；平地上的土地平整主要包括场地清理、翻松地表，一般采用全面整地和带状整地。

④对恢复为草灌的土地，土地平整内容主要有翻松地表、粗平整和细平整。

宁夏土地恢复利用方向主要为农地和林草地，恢复利用方向按原土地利用现状进行。具体整地方式按利用方向及扰动破坏类型有所区别，各种扰动类型及利用方向土地整治内容如表7-1所示。

表7-1　各类利用方向土地平整内容及方式

平台（面）			坡面			备注
平整内容	主要布设位置	利用方向	平整内容	主要布设位置	利用方向	
场地清理、翻耕、粗平整、全面整地	取弃土场平台、临时施工用地	农地	坡度不大于15°，边坡碾压，种草	取弃土场平台、临时施工用地，挖损、堆弃边坡	边坡造林、种草	有灌溉要求的农地恢复需配套相关渠系工程
			坡度不大于25°，修筑梯田，台地。边坡碾压，种草，台地平整恢复为农地		坡面平台恢复为农地，边坡造林、种草	
坑凹回填，应及时利用废弃土石料回填平整。场地清理、翻松地表，一般采用全面整地和带状整地	各类取土（料）场、弃土（渣）场、开挖面；施工临时占地、施工营地、临时道路、设备及材料堆放场地等	林地	坡度不大于15°，边坡碾压，种植灌木；条带整地	各类取土（料）场、弃土（渣）场边坡	边坡种植灌木、灌草混交	林地（按自然类型区种植乔木、灌木或混交林，适宜于宁夏中南部地区）
			坡度不大于25°，修筑梯田，台地。边坡鱼鳞坑整地，种植灌木，台地平整恢复为林地		边坡种植灌木、灌草混交	
坑凹回填、清理建筑垃圾、平整。场地清理、翻松地表，一般采用全面整地和带状整地	各类取土（料）场、弃土（渣）场、开挖面；施工临时占地、施工营地、临时道路、设备及材料堆放场地等	草地	坡度不大于15°，边坡碾压，条播种草	各类取土（料）场、弃土（渣）场边坡	边坡种植灌木、灌草混交	草地（适宜于宁夏中北部地区）
			坡度不大于25°，修筑梯田，台地。边坡碾压，种草		边坡种植灌木、灌草混交	
场地清理、翻耕、粗平整，一般采用全面整地	建设项目生产管理区，主要进场道路、厂区周边有绿化要求的区域	园林景观绿化用地	—	—	—	园林绿化、美化区（有灌溉条件）

7.2　表土剥离及堆存

表土剥离是指将建设扰动土地的表层熟化土剥离搬运到固定场地存储，并采取必要的水土流失防治措施，土地完成使用后再将其回铺到需恢复为耕地或林草地的扰动场地表面的过程。

（1）适用条件。具有表土剥离条件的耕地、林地、人工草地需进行表土剥离，剥离厚度根据表土层厚度和后期覆土用量确定，一般不超过 30cm。流动沙丘区、砾石含量较多的戈壁区以及土壤质量较差的地区可不进行表土剥离。

（2）设计要点。设计要点主要包括以下两个方面：

①表土剥离应结合工程占地性质考虑，永久占地（建筑物、水库淹没区）内的表土应优先考虑剥离，临时占地使用后需恢复农、林、牧草等农业种植的表土需考虑剥离。

②表土堆存及防护。线状工程剥离表土就近集中堆放；点状工程剥离表土就近集中堆存于征用的土地范围内，且堆放场地表土不宜受到水蚀及风蚀，堆放过程中防止岩石等杂物混入，使土质恶化，尽可能做到回填后保持原有土壤结构。表土临时堆存一般采用推土机推叠，在自然稳定的前提下堆高 2.5～3.0m，也有堆高在 10～15m 的。堆存表土应采取临时防护措施，如土袋拦挡、苫盖等防护措施，堆存表土裸露时间超过一个生长季的，应当在边坡撒播草籽临时绿化。

7.3　表土回覆

土地整平工作结束之后，把剥离表土回覆在需要绿化、复耕的地块表层，从而利于植被快速恢复的过程。

表土回覆时要充分考虑以下因素：

（1）充分利用预先收集的表土覆盖形成种植层，未预先收集表土的，在经济运距之内有适宜土源时，可借土覆盖。土源地用作农地、林地或草地时，取土以不影响土源地取土后的再种植为原则。

（2）在土料缺乏的地区，可覆盖易风化物如页岩、泥岩、泥页岩、污泥等；用于造林时，只需在植树的坑内填入土壤或其他含肥物料（矿区生活垃圾污泥、矿渣、粉煤灰等）。

（3）表土覆盖厚度可根据当地土质情况、气候条件、种植种类以及土源情况确定。一般情况下，种植农作物时覆土在 50cm 以上，耕作层不小于 20cm；用于林业种植时，在覆盖厚度 1m 以上的岩土混合物后，覆 30cm 以上可以是大面积覆土，土源不够时也可只在植树的坑内覆土，种植草类时在土厚度为 20～50cm。

7.4　田面平整和犁耕

在表土回覆之后，为了便于植被恢复工作的进行，通常需要对土地进行田面细平和犁

耕，这也是土地整治工作的重要组成部分，有园林绿化要求的土地整治，需要根据不同绿化树草种对土壤进行改良，以适应林草生长，主要有客土、增施有机肥等。

（1）适用条件。田面平整和犁耕适用于一切覆土后需要恢复植被的土地。

（2）设计要点。设计要点主要包括以下两个方面。

1）使用材料。田面平整和犁耕常用的机械有平地机、耙地机、拖式铲运机、拖拉机等，坡面以人工结合机械方式进行。

2）技术要求。坡面平整可根据林草种植需要，采用水平沟整地，也可修整成为窄条梯田、反坡梯田等。平台面平整一般先在平台面四周和内部修建田埂，然后根据林草种植需要，采取穴状、块状整地；对恢复为农用地的，应按耕作要求全面精细整地。对于恢复林草平台面，整地方式主要有全面整地、水平沟整地、穴状（圆形）整地、块状（方形）整地等。整地规格可参照《生态公益林建设技术规程》（GB/T 18337.3—2001）执行。

第8章 植被建设工程

植被建设工程是对生产项目建设项目建设过程中产生的各类开挖面、渣面工程不再使用的临时占地及各类边坡，在安全稳定的前提下，尽可能地采取植物防护措施，恢复自然景观的防治措施。主要防治对象为工程建设的取土（料）场、弃土（渣）场、开挖面以及施工临时占地、施工营地、临时道路、设备及材料堆放场地等。

宁夏自然植被自南向北呈现森林草原—干草原—荒漠草原—荒漠的水平分布规律，在自然条件下进行植被恢复时树草种选择主要根据不同类型区降雨条件进行，凡在本类型区自然分布、表现良好的树草种，只要苗木、种子来源充足，应作为该类型区植被恢复的优先树、草种。宁夏各类型区植被恢复最大的限制条件是水分，因此针对是否具有灌溉条件，在各类型区可分为两种植被恢复条件。一种是对远离人员聚居区的弃渣场、取土场、石料场及各类开挖扰动面以及施工道路、场地、扰动后空闲地等植被恢复，主要选择当地适生的树草种依靠自然降雨进行恢复；另一种是在人员活动频繁的区域，如生活区、厂区、管理区、重要道路边坡等的植被恢复，应结合绿化美化进行，并配套相应的灌溉措施。宁夏不同区域的植被恢复工程主要包括造林、种草、种植绿篱及攀援植物等。

不同类型区适宜树草种如表 8-1 所示，园林绿化主要树草种如表 8-2 所示。适宜树草种的生物学特性如附录 1～附录 7 所示。

表 8-1　　宁夏不同类型区特性及主要适宜树草种汇总表

分区		主要行政区	水土流失类型	降雨/mm	乔　木	灌　木	草
土石山区	六盘山土石山区	泾源县、隆德县、原州区、西吉县、海原县、彭阳县	水力侵蚀	400～700	山杨、桦木、云杉、油松、落叶松	箭叶锦鸡儿，沙棘、香荚蒾、中华绣线梅、卫矛、天目琼花、接骨木、六道木、金花忍冬等	铁杆蒿、牛尾蒿、长芒草、狗尾草、茭蒿、百里香、星毛委陵菜等
	贺兰山土石山区	惠农、大武口、平罗、贺兰、西夏、永宁西部	水力侵蚀＋风力侵蚀	250～300	青海云杉、山杨、油松	蒙古扁桃、灰榆、锦鸡儿	短花针茅、糙隐子草、狗尾草、细柄茅、牛枝子、油蒿、刺针枝蓼、骆驼蒿、山荞麦等
黄土丘陵沟壑区		隆德县、原州区、西吉县、海原县、彭阳县、同心县东部地区、盐池县南部地区	水力侵蚀＋风力侵蚀	270～600	油松、华北落叶松、杨树、刺槐、国槐、白蜡、山杏、山桃	柠条、沙棘	铁杆蒿、长芒草、短花针茅、茭蒿、狗尾草、百里香、星毛委陵菜等

续表

分区	主要行政区	水土流失类型	降雨/mm	乔木	灌木	草
干旱草原风沙区	平罗、兴庆区黄河以东，同心、红寺堡和盐池大部，永宁、灵武、利通、青铜峡、中宁、沙坡头等山区部分	水力侵蚀+风力侵蚀	180～280	红柳（柽柳）、沙柳	中间锦鸡儿、柠条、花棒、沙冬青	沙蒿、油蒿、甘草、苦豆子、猫头刺、芨芨草、冰草、冰草、狗尾草、老瓜头
	沙坡头区中南部地区、盐池县、灵武市、平罗县、兴庆区	水力侵蚀+风力侵蚀		沙枣、柳树、杨树	柠条、沙拐枣、沙冬青、蒙古莸、多枝柽柳、沙柳、化棒、扬柴、胡枝子、毛条、川青锦鸡儿、红砂	骆驼蒿、刺针枝蓼、松叶猪毛菜、合头草、老瓜头、沙米、白茨、冰草、狗尾草
黄河冲积平原区	沙坡头、中宁、青铜峡、利通、灵武、永宁、兴庆、金凤、西夏、贺兰、大武口、平罗、惠农	水力侵蚀+风力侵蚀	180～220	杨树、桧柏、国槐、榆树、旱柳、云杉、樟子松、杜松、榆叶梅、柽柳、白蜡、丁香	沙枣、沙棘、紫穗槐、黄刺玫、枸杞、高羊茅、盐爪爪	骆驼蒿、沙蒿、芦苇、芨芨草、冰草、狗尾草

表 8-2　主要园林绿化树草种选择

乔木	小乔木	灌木	花草	草坪草	绿篱灌木
樟子松、云杉、桧柏、华山松、油松、蜀桧、京桧4号、侧柏、桧柏球、蜀桧球、千头柏、龙柏、杜松、国槐、白蜡、臭椿、新疆杨、河北杨、毛白杨、刺槐、旱柳、垂柳、水曲柳、北京栾、银杏、红花刺槐、香花槐、龙爪槐、丝棉木、圆冠榆、金叶榆、沙枣、黄栌、火炬、复叶槭、合欢	紫叶李、太阳李、山杏、山桃、京桃、碧桃、红叶碧桃、西府海棠、山楂、栓翅卫矛、日本樱花、美人梅	密枝紫叶李、水栒子、紫穗槐、重瓣黄刺玫、红刺玫红花忍冬、大果蔷薇、金银木、丁香、连翘、花叶连翘、金花忍冬、红瑞木、重瓣榆叶梅、珍珠梅、紫叶矮樱、贴梗海棠、玫瑰、红花多枝柽柳、丛生栓翅卫矛、金叶莸、红叶小檗、沙地柏、豆瓣黄杨、金叶女贞、丰花月季、金银花	马蔺、互叶醉鱼草、大花萱草、金娃娃萱草、鸢尾、千屈菜、景天、柳叶马鞭草、薰衣草地被菊	剪股影、早熟禾、多年生黑麦草、高羊茅、早熟禾、羊胡子草、结缕草、地毯草、假俭草、百慕大草	榆树、大叶黄杨、紫叶小檗、侧柏爬山虎（攀缘植物）

注　本表主要参考《环境景观——绿化种植设计》（03J012-2）并调查银川及周边地区常见园林绿化树种。

8.1　整地

造林种草的前期准备是整地。生产建设项目植被恢复若涉及复杂的造林地条件，属于困难立地造林，须细致整地。

（1）适用条件。造林种草整地按照植被恢复种类、林草种植方式、防治措施部位有所不同，但不同类型区造林、种草整地方式基本一致，主要参考土地整治内容，并相对保持一致。

（2）设计要点。设计要点主要包括以下两个方面。

1）整地季节。整地工程一般应尽可能在前一年秋冬二季整地，第二年春秋二季造林，有利于容蓄雨雪，促进生土熟化。易风蚀的沙地，应随整地随造林。秋冬造林最迟应在当年春季整地；雨季和春季造林，最迟应在前一年秋季整地。

2）整地方式。宁夏多采取畦状整地、鱼鳞坑整地、水平阶整地、水平沟整地等方式。不同造林整治措施规格、适用范围、设计要求点详见表 8-3。如果扰动面要种草，可结合整地一并进行。

表 8-3　不同造林整地方式设计要求点

整地方式	基本描述	适用范围	规格	设计要点
畦状整地	畦状整地是指在土壤翻耕之后，将土地用土埂、沟或走道分隔成种植小区的过程。目的主要是拦蓄降雨，便于灌溉和排水，同时对土壤温度和空气条件也有一定的调节作用	适用于宁夏的山间平原、灵盐台地、银川平原等地区造林种草	有平畦、高畦、低畦及垄等	1）畦的方向：与风向平行有利于行间通风及减少大风的吹袭；在倾斜地方向可控制土壤的冲刷和对水分的保持。 2）畦的形式：①平畦：畦面与道路相平，地面整平后，畦沟和畦面不明显。适于排水良好，雨量均匀的地区，应用平畦可以节约畦沟所占的面积，提高土地利用率。②低畦：畦面低于地面，畦面走道比畦面高，以便蓄水和灌溉，在雨量较少，需要经常灌溉的地区大多采用这种方式作畦。③高畦：畦面稍高于地面，畦间形成畦沟。④垄：垄实际上是一种较窄的高畦，其形式为底宽上窄，优点与高畦相同。在宁夏首推低畦整地
鱼鳞坑整地	鱼鳞坑整地是指在坡度较陡地上修筑半圆形植树坑穴，坑与坑交互排列形似鱼鳞的整地方法	生产建设项目各类坡地土质边坡造林	鱼鳞坑长径 0.7～1.5m，短径 0.5～1.0m。坑深度约 0.4m，土埂中间部位填高约 0.2～0.3m，坡比 1：0.3	鱼鳞坑长径与等高线平行，短径与等高线垂直。与坑面水平或稍向内倾斜，坑外缘用心土筑埂，表土回填于坑内植树点，坑内侧有蓄水沟与坑两角引水沟相通。鱼鳞坑在坡面上成品字形排列，一般坑间的水平距离为 1.5～3.0m（约 2 倍坑的直径），上下两排坑的斜坡距离为 3～5m
水平阶整地	水平阶是沿等高线自上而下里切外垫，修成一台面，台面外高里低，以拦蓄降水和坡面径流	生产建设项目各类坡地土质边坡，造林，种草	一般阶面面积与坡面面积之比为 1：1～4	水平阶的设计计算类同梯田，如采用断续水平阶，实际相当于窄式隔坡梯田。可应用梯田的计算方法

（3）典型设计。典型设计主要包括以下四种：

1）鱼鳞坑整地设计，如图 8-1 所示。

2）鱼鳞坑整地应用实例，如图 8-2 所示。

3）水平阶整地设计，如图 8-3 所示。

4）水平阶整地应用实例，如图8-4所示。

5）水平沟整地设计，如图8-5所示，施工设计如图8-6所示。

6）水平沟整地应用实例，如图8-7所示。

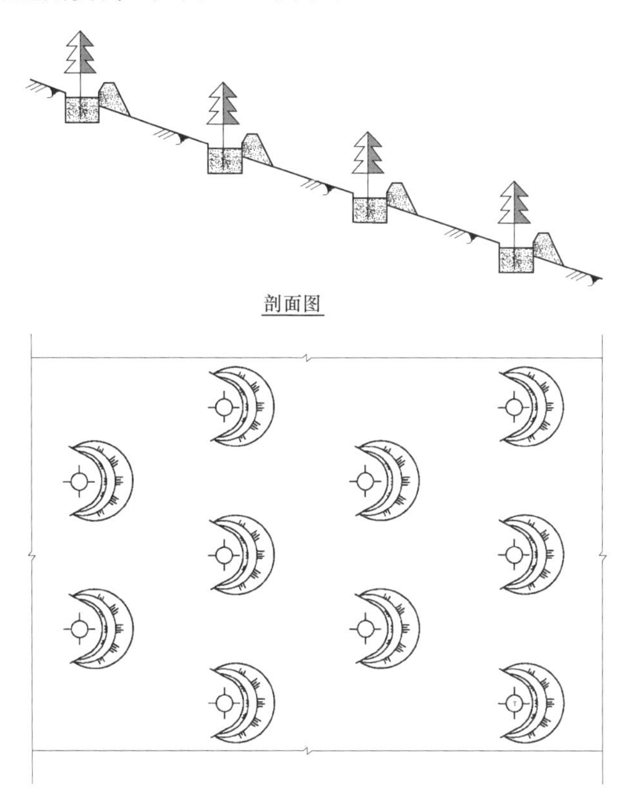

图8-1　鱼鳞坑整地设计

(a) 鱼鳞坑整体图

(b) 鱼鳞坑侧面

图8-2　鱼鳞坑整地应用实例

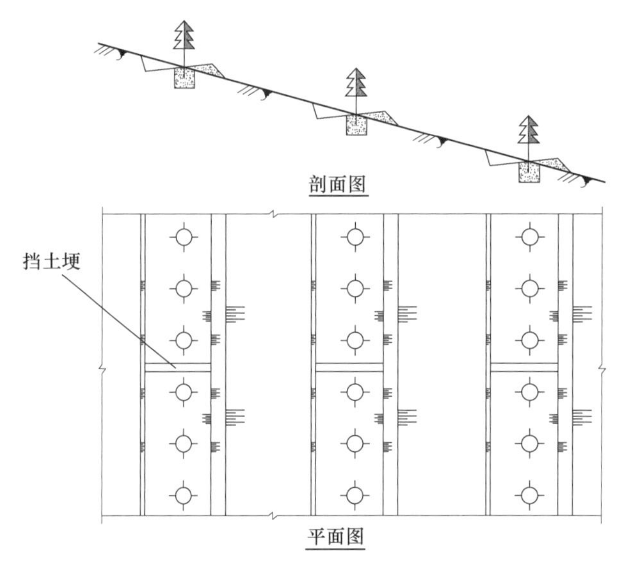

图 8-3　水平阶整地设计

图 8-4　水平阶整地应用实例

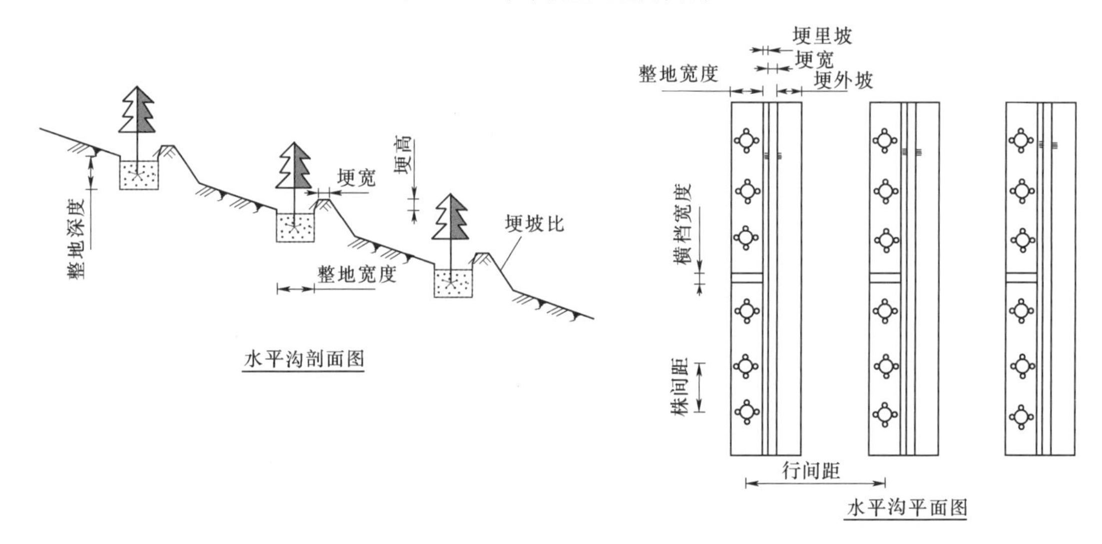

图 8-5　水平沟整地设计

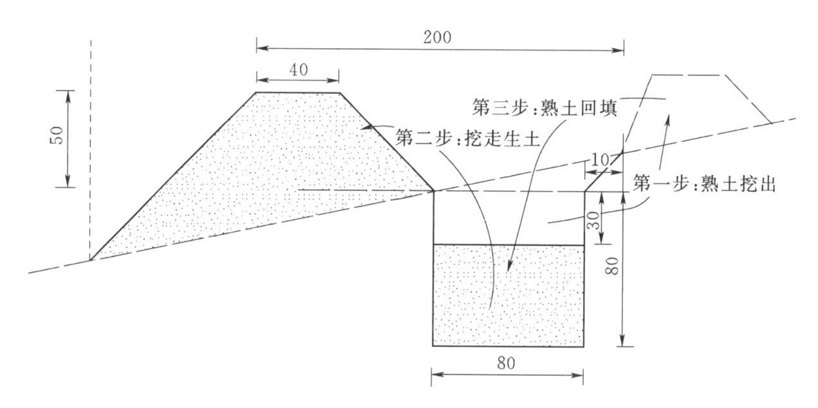

图 8-6　水平沟施工设计（单位：cm）

施工时沿等高线开挖沟槽，其图用于沟外侧筑埂拍实，沟内侧上表土铲下拍碎，填入沟内，保持沟面外高内低，形成反坡田面。

实线整地应充分考虑坡地的条件，包括坡位、坡向、坡度等综合因素，以做成合适的集合流坡长；同时也要考虑工程措施的负面影响，尽量减少工程量。

图 8-7　水平沟整地应用实例

8.2　造林

造林的方法有植苗造林、播种造林和分殖造林。在直播容易成活的地方可采用人工播种造林；对一些萌芽力强的树种，可根据情况采用分殖造林。目前，除少数树种（如柠条）还常采用播种造林外，宁夏一般都采用植苗造林。

8.2.1　造林季节

造林季节分为春季造林、夏季造林、秋季造林及非季节造林。春季造林适宜于宁夏大部分地区；夏季造林也称雨季造林，适用于夏季降水较集中的宁夏土石山区，主要适用于针叶树种、某些常绿叶树种的栽植造林，以及一些树种的播种造林；秋季造林，适用于鸟兽害和冻拔害不严重的地区，应以种后当年不发芽出土为准。

（1）春季造林。应根据树种的物候期和土壤解冻情况适时安排造林，一般在树木发芽前 7～10 天完成。

（2）雨季造林。应尽量在雨季开始后的前半期造林，保证新栽或直播的幼苗在当年有两个多月以上的生长期，以利安全越冬。干旱、半干旱地区应结合天气预报，尽量在连阴天墒情好时造林。

（3）秋季造林。秋季应在树木停止生长后和土地封冻前抓紧造林。秋季适宜阔叶树植苗造林和大粒、硬壳、休眠期长、不耐储藏种子播种造林。

（4）非种植季节种植。主要针对建设项目管理区等有景观绿化要求的区域，因特殊情况，需在非种植季节植树，各类树木必须带好土球，土球大于正常植树季节一个规格，并做到各个种植环节紧密衔接。栽后立即对树干和二级、三级枝缠干，在夏季对树冠喷雾保湿，每天不少于三次，冬季注意植后防寒。

8.2.2　植苗造林

植苗造林是将苗木直接栽到造林地的造林方法，其幼林郁闭早，生长快，成林迅速，林相整齐，林分稳定。

（1）适用范围。适用于宁夏有种植条件的大部分地区的各类生产建设项目。

（2）设计要点。设计要点主要包括以下三个方面。

①树种及苗木规格选择，按不同类型区、有无灌溉条件，根据表 8－1 选择适于宁夏生长的青海云杉、银杏、沙地柏及珍珠梅等各类乔灌木，详见表 8－1。

不同林种、树种的造林使用不同年龄的苗木。年龄小的苗木，起苗伤根少，栽植后缓苗期短，在适宜的条件下造林成活率高，运苗栽植方便，投资较省，但是在恶劣条件下苗木成活受威胁较大；年龄大的苗木，对杂草、干旱、冻拔、日灼等的抵抗力强，适宜的条件下成活率也高，幼林郁闭早，但苗木培育与栽植的费用高，遇不良条件更容易死亡。一般营造水土保持林常用 0.5～3 年生的苗木，防护林常用 2～3 年生的苗木，景观乔木林常用 3 年生以上的苗木。

常规造林苗木灌木地径 1～2cm，乔木胸径 3cm 以上。

②栽植工序。植苗造林工序为挖植树坑、选苗、栽植、填土、浇水、覆土等六道工序。挖植树坑（穴）是在造林地整地工作完成后进行的。

③植苗方式。植苗造林的关键是，栽植时，造林地要有较高土壤含水量，并需采取一系列的苗木保护措施，保持苗木体内的水分平衡。植苗造林几乎适用于所有树种（包括无性繁殖树种）及各种立地条件，是应用最普遍的一种造林方法。人工植苗常用的方法有穴植、靠壁植和缝植等方法。各种植苗方法及设计要点如表 8－4 所示。

④造林密度。常规造林主要树种造林密度如表 8－5 所示。

8.2.3　播种造林

播种造林法，又称直播造林，是将林木种子直接播种在造林地进行造林的方法。宁夏多采取点播也称穴播，即按一定穴距，在整好的造林地或未经整地的造林地上挖穴播种。点播穴播整地工作量小，施工简便。

（1）适用范围。适用于宁夏有种植条件但自然条件较差的大部分地区。但实际造林中应用较少，种子多采取柠条，南部黄土丘陵沟壑区的原州区、彭阳、隆德、西吉县有直接

点播山桃、山杏造林。

表 8-4　　植苗方法及设计要点

植苗方式	适用形式	操作要点
穴植	常用于栽植侧根发达的苗木	植苗之前先挖好穴，穴要比苗木的根大一些、深一些，穴的底部和上部同样大，不能上大下小，呈锅底形。挖穴时，表土和心土分开堆放在穴的旁边，挖出的心土要打碎，草根和石块要拣净。栽的时候，要把苗木放正，并使苗木根系舒展。填土时先用湿润而细碎的表土填入穴内，填到1/3左右，将苗木轻轻向上一提，使苗根舒展，不窝根。踩实后，把余土回填到穴内，再踩。苗木栽植深度一般要比原来在苗圃内略深一点。为了保持土壤中的水分，栽后应在穴面上盖一层松土。栽植成活的关键是穴大根舒，深浅适当，根土密接
靠壁栽植	常用于干旱地区栽植直根性的针叶树小苗	类似于穴植法，但坑的内壁要垂直，栽苗时使苗根紧贴垂直壁，从一侧填土压实，栽植工序同穴植法。栽植省工，容易使苗根与土壤密接，幼树抗旱力强，成活率高
缝植法	沙质土和栽植直根性树种的小苗	先把植苗锹插入土中，达到栽植深度后，先向前推，再往后拉，即开出缝，在未提出植苗锹之前，将苗木放入缝中，随后提出植苗锹，土壤自然塌陷，将苗木大部分埋于缝中，将植苗锹垂直插入栽植缝一侧10cm左右的地方，深度同前，先拉后推，使植苗缝隙挤满土，提出锹，重复做一次（第三次）将第二个缝隙闭合，并用脚把植苗点周围土壤踩紧，此法简称“三锹踩实一提苗”
带土苗栽植法	常用于生产建设项目园林式绿化	带土苗栽植法指起苗时带土，将苗木连土团一起栽在造林地上的方法，主要应用于容器苗造林和城市绿化栽植大苗。由于根系保持自然状态，起苗和包装运输时根系不受损伤，且栽植后根系不易变形，容易恢复吸收水肥等生理机能，具有成活率高、成林快的优点

表 8-5　　主要种树造林密度表

树　　种	造林密度/(株/hm^2)	树　　种	造林密度/(株/hm^2)
青海云杉、油松	1665～2500	旱柳	500～1000
华北落叶松、日本落叶松	1665～2500	苹果、梨、桃、李、杏	665～1665
刺槐、白蜡、臭椿	665～1665	榆树	666～1665
柠条、杞柳	1240～5000	沙棘、紫穗槐、椒	1650～3300
山杏、山桃	450～650	胡枝子	5000～9990
新疆杨	500～1000		

注　本表数据来源《宁夏黄土丘陵区造林技术规程》。

（2）设计要点。设计要点主要包括以下三个方面。

1）播种量。柠条种子属于小粒种子可多粒点播，每穴10～15粒。播前应进行发芽试验，并根据试验结果对播种量加以调整，播种量在4.5～6.0kg/hm^2（参考宁夏黄土丘陵区造林技术规程）。

大中粒种子（山杏、山桃等）穴播一般3～5粒，株行距参照表8-5。播种量按公式计算，再按种子千粒重计算每平方米或公顷的用量。

播种量按造林株行距，确定每公顷种植穴，每穴播种粒数，所选树种千粒重计算每公顷播种量。

$$造林地播种量(kg/hm^2)=种植穴数量(穴/hm^2)\times穴播种数(粒/穴)/[树种千粒重(g/1000粒)/1000]。$$

2）种子处理。播种前种子处理包括消毒、浸种、催芽和拌种。处理方法与苗圃中的种子处理相同，但做何种处理必须根据具体情况而定。一般秋季播种造林无需进行浸种和催芽，但春季播种要进行浸种和催芽，有利于种子早发芽、早出土，增加幼苗抗旱能力和越冬能力。此外，鸟兽害严重的地方，播种前要进行药剂拌种。

3）覆土。覆土厚度要根据播种时间、种子大小、土壤水分状况、土壤性质等灵活掌握，一般为种子直径的3～5倍。秋季播种覆土宜深，春播覆土宜浅。一般中粒种子覆土厚度2～3cm。

8.2.4　园林绿化造林

园林绿化树种栽植主要环节与常规植被恢复的造林基本相同，但在具体环节上有更严格的要求。

（1）适用范围。园林绿化树种栽植主要位于建设项目管理区、生产生活区，或有景观绿化、美化要求的扰动区，且有灌溉条件的区域。

（2）设计要点。园林绿化树种在造林设计中主要应考虑造林整地、造林时间、苗木规格与形状、乔灌木土球规格、栽植方法等。

1）造林整地。造林整地通常较常规造林更为严格，在土地整治时需要考虑覆土厚度、土壤改良等措施。种植树木土层厚度要求：乔木深根150cm，浅根100cm，大灌木90cm，小灌木45cm，藤本40～60cm。较为名贵的树种需要采取客土，种植时需结合施用基肥。基肥应以腐熟有机肥为主，也可施用复合肥和缓释棒肥、颗粒肥，用量根据商品说明确定。

2）造林季节。常绿树木的挖掘种植应在春天土壤解冻以后、树木发芽以前，或在秋季新梢停止生长后霜降以前进行。特殊情况可采用非季节造林。

3）苗木规格。苗木规格主要指园林树种的树形（外形、乔木胸径、灌木地径）、挖掘（根系）等指标。

常用园林绿化树种苗木质量要求如表8-6和表8-7所示。

表8-6　　乔木的质量要求

栽植种类	要求		
	树干	树冠	根系
重要地点种植材料（主要干道、广场、重点游园及绿地中主景）	树干挺直，胸径大于8cm，大型景观树种树高大于8m	树冠茂盛，针叶树应苍翠，层次清晰	根系发育良好，不得有损伤，土球符合规定

续表

栽植种类	要　求		
	树干	树冠	根系
一般绿地种植材料	树干挺直，胸径大于8cm，大型景观树种树高大于8m	树冠茂盛，针叶树应苍翠，层次清晰	根系发育良好，不得有损伤，土球符合规定
行道树	主杆通直、无明显弯曲、分支点在3.2m以上，落叶树胸径在8cm以上，常绿树胸径在6cm以上	落叶树必须有3～5根主枝，分布均匀；常绿树冠圆满茂盛	根系发育良好，不得有损伤，土球符合规定
防护林带和大面积绿地	树干通直，弯曲不超过2处	具有防风林所需要的抗有害气体、烟尘、抗风等特性，树冠紧密	根系发育良好，不得有损伤，土球符合规定

注　表8-6～表8-12摘自《园林绿化植物种植技术规范》。

表8-7　　**灌木的质量要求**

栽植种类	要　求	
	地上部分	根　系
重要地点种植	冠型圆满，无偏冠、脱脚现象，骨干枝粗壮有力	根系发达，土球符合规定
一般绿地种植	枝条有分枝交叉回折，盘曲之势	根系发达，土球符合规定
防护林和大面积绿地	枝条宜多，树冠浑厚	根系发达，土球符合规定
绿篱、球类	枝密叶茂，按设计要求造型	根系发育正常

乔灌木挖掘规格的要求是：起挖乔、灌木的土球或根盘应按表8-8和表8-9规定执行。

表8-8　　**乔木带土球盘根规格表**　　单位：cm

干径	土球直径	土球厚度	根盘直径	干径	土球直径	土球厚度	根盘直径
3～4	30～40	20～25	40～50	6～8	60～70	40～45	70～75
4～5	40～50	25～30	50～60	8～10	70～80	45～50	75～80
5～6	50～60	30～40	60～70				

表8-9　　**灌木带土球盘根规格表**　　单位：cm

冠径	土球直径	土球厚度	根盘直径	冠径	土球直径	土球厚度	根盘直径
20～30	15～20	10～15	>20	80～100	60～80	45	>70
30～40	20～30	15～20	>30	100～120	80～100	50	>100
40～60	40～50	30	>40	120～140	100～120	55	>110
60～80	50～60	40	>55				

名贵树木和非常规季节种植挖土球或根盘比原规定要求提高一个档次进行。包扎土球用绳索粗细要适度，质地结实。土球包扎形式应根据树种、规格、土壤质地、运输距离、装运方式选定。

4）苗木栽植。苗木栽植主要包括以下两方面：

①树木种植槽穴的规格大小深浅。应按植株的根盘和土球直径适当放大，使根系能充分舒展，高燥砂性土地植穴稍深、大，低凹黏性土地可稍浅。树穴、槽规格应不小于表8－10和表8－11的要求。

表8－11　　**乔灌木树穴规格标准**　　单位：cm

分类	规格	树穴直径	树穴深度	备　注
乔木（胸径基径）	3～4	40～50	40～50	乔木按胸径，亚乔木按基径
	4～5	60～70	50～60	
	5～6	80～90	60～70	
	6～8	90～100	70～80	
	8～10	100～110	80～90	
灌木（冠径）	20～30	25～30	15～20	
	30～40	35～45	25～35	
	40～60	50～70	40～50	
	60～80	70～90	50～55	
	80～100	90～110	55～60	
	100～120	110～130	60～65	
	120～140	130～150	65～70	
藤本（基径）	＜2	40	30	
	2～3	50	35	
	3～4	55	40	
	4～5	60	45	
竹类（从生竹）	从	80～100	＞45	散生竹按土台适当扩大

表8－11　　**绿篱树穴规格标准**

冠幅/（cm×cm）	树穴规格/［宽（cm）×深（cm）］		冠幅/（cm×cm）	树穴规格/［宽（cm）×深（cm）］	
	单行	双行		单行	双行
30×30	50×40	80×40	50×50	70×50	120×50
40×40	60×45	100×45	60×60	80×55	140×55

②苗木栽植。园林绿化树木各项种植工作应密切衔接，做到随挖、随运、随种、随养护。如遇气候骤升、骤降或遇大风大雨气象变化，应立即暂停种植，并采取临时措施保护树木土球和植穴。裸根苗原则上当天种植，尽量缩短起苗到种植之间的时间，当天不能种完的苗木应假植。带土球树木种植时先在穴（槽）内用种植土填到放土球底面的高度，将土球放置在填土上，初步覆土夯实，定好方向，打开土球包装物，自下而上小心取下包装物，泥球如松散，底下包装物可剪断不取出。随后分层捣实，填土高度达土球深度2/3时，浇足第一次水，水分渗透后继续填土至地面持平时再浇第二次水，至不再下渗为止，如土层下沉，应在三日内补填种植土，再浇水整平。

裸根树木的种植，先将植株入穴、扶正后定好方向，按根系情况先在穴内填适当厚度种植土，舒展根系，均匀填土，再将树干稍上提，并左右前后移动，使根和土充分接触，

减少空隙，扶正后继续填土分层捣实、沿树木坑穴外缘作养水围堰、浇足水，并在三日内再次浇水。如遇土下沉，在根际补土浇水整平。

8.3　种草

植被恢复中的种草措施分为常规种草和草坪草种植，常规种草主要针对利用当地适生草种，在自然降雨条件下所采取的植被恢复措施；草坪草种植主要是生产建设项目管理区、厂前区等有绿化美化要求的区域，在有灌溉条件下种植草坪草的防护和绿化措施。

种草季节按植物特性确定。宁夏多年生草种一般应在 7 月底前种植，以便安全越冬。

（1）适用条件。所有适宜种草恢复植被的扰动区域，分常规种草植被恢复和园林绿化种草。

（2）设计要点。设计要点主要包括以下五个方面。

1）草种选择。宁夏土壤瘠薄，气候干旱，雨量较少，冬春风多，夏季最高温度可达 40℃，冬季最低温度为－30℃。因此，适宜种植耐寒、耐旱、耐瘠薄、抗逆性强的草种。常规种草主要选择各区域内的适生草种，如紫花苜蓿、冰草、沙蒿、红豆草、沙打旺、小冠花、无芒麦雀、羊茅、老芒麦及冰草等。超过一个生长季的临时堆土，可选择小麦、糜子等生长快的植物进行防护。各类型区自然条件下草种选择详如表 8－1 所示。

在有灌溉条件下，可适当种植草坪草，草种主要选择本地区适宜的早熟禾、多年生黑麦草、高羊茅、早熟禾、结缕草、地毯草、假俭草等。

2）草种混播。一般植被恢复的种草，通常采用禾本科与豆科牧草混播，也有采用单一禾本科或豆科播种的。生产建设项目种草主要以快速恢复地表植被并要求生长期较长，因此适宜选择 4～7 年草种混播，混播比例如表 8－12 所示。

表 8－12　　混播牧草播种量比较

利用年限	豆科牧草/%	禾本科牧草/%	在禾本科牧草中	
			根茎型和根茎疏丛型/%	疏丛型/%
短期（2～3 年）	65～75	35～25	0	100
中期（4～7 年）	25～20	75～80	10～25	90～75
长期（8～10 年）	6～10	92～90	50～75	50～25

草坪草混播组合中，通常包含主要草种和保护草种。保护草种一般是发芽迅速的草种，其作用是为生长缓慢和柔弱的主要草种提供遮阴及抵制杂草，如黑麦草。在碱性及中性土壤上则宜以草地早熟禾为主要草种，多年黑麦草为保护草种。宁夏以早熟禾类为主要草种的，通常以黑麦草作为保护草种，如采用早熟禾（40%）＋紫羊茅（40%）＋多年生黑麦草（20%）的组合。

3）草种用量。草播种量由草种种子大小（千粒重）、发芽率及单位面积上拥有的额定苗数决定。

实际播种量（kg/hm^2）：

$$\frac{\text{保苗系数}\times\text{田间合理密度(株/hm}^2)\times\text{千粒重(g)}}{\text{净度(\%)}\times\text{发芽率(\%)}\times 100}$$

混播播种量的计算如公式（8-1）所示：

$$K=\frac{HT}{X} \tag{8-1}$$

式中　K——每一混播成员的播种量，kg/hm^2；

H——该种牧草种子利用价值为100%时的单播量，kg/hm^2；

X——草该种牧草的实际利用价值（即该种的纯净度 X 发芽率），%。

一般竞争力弱的牧草实际播种量根据草地利用年限的长短增加25%～50%。

宁夏主要常规种草、草坪草播种量如表8-13、表8-14所示。

表8-13　　　　宁夏主要草种的适宜播种量

牧草名称	播种量/(kg/hm^2)		牧草名称	播种量/(kg/hm^2)	
	撒　播	条　播		撒　播	条　播
紫花苜蓿	18.75～22.50	11.25～15.00	无芒雀麦	22.5～30.0	11.25～15.0
红豆草	75～90	45～60	苏丹草	30.0～37.5	15.0～30.0
沙打旺	7.50～11.25	3.75～7.50	湖南稷子	15.0～22.5	6.00～11.25
草木樨	22.5	15.0～22.5	燕麦、大麦	187.5～225	112.5～187.5
小冠花	15.0	7.5	糜子	22.5	7.5～15.0
披碱草	22.5～30.0	18.75～22.5	沙蒿	5～7.5	
老芒麦	22.5～30.0	18.75～22.5	冰草	11～22.5	

注　本表参考《人工草地建设技术规程》（农办牧〔2003〕13号）、《水利水电工程专业案例（水土保持篇）（2009年版）》等内容。

表8-14　　　　草坪草用量

草种名称	精细播种/(g/m^2)	粗放播种/(g/m^2)	草种名称	精细播种/(g/m^2)	粗放播种/(g/m^2)
剪股影	3～5	5～8	羊胡子草	7～10	10～15
早熟禾	8～10	10～15	结缕草	8～10	10～15
多年生黑麦草	25～30	30～40	地毯草		10～12
高羊茅	20～25	25～35	假俭草		18～20
早熟禾	8～10	10～15	百慕大草		5～7

4）播种。播种主要涉及种子处理、播种期和播种方法。

①种子处理。大部分种子有后熟过程，即种胚休眠，播种前必须进行种子处理，以打破休眠，促进发芽。种子处理包括：机械处理、选种晒种、浸种、去壳去芒、射线照射、生物处理和根瘤菌接种等。

②播种期。水土保持草，一年生牧草宜春播，多年生牧草春、夏均可，以雨季播种最好；草坪草，寒地型禾草最适宜的播种时间是夏末，暖地型草坪草则宜在春末和初夏播种。

③播种方法。一般水土保持种草，条播、撒播、点播均可。播种深度2～4cm。播后

覆土镇压，以提高造林成活率。建设项目常规种草多采取撒播种草方式，位于坡面上种草，可采用条播、点播方式。

草坪草播种，首先要求种子均匀地覆盖在坪床上，其次是使种子掺和到1.0～1.5cm的土层中去。大面积播种可利用播种机，小面积则采用手播。此外，也可以采用水力播种，即借助水力播种机将种子喷洒到坪床上，是远距离播种和陡坡绿化的有效手段。

草坪植生带（纸）建植法，植生带草坪是在整好的土地上，将植生带平铺，铺时拉直、铺平、接缝紧密，依次铺放，铺后覆细土（砂）0.5～1cm厚，及时浇水。

5）种草管护。建设项目常规种草一般不采取种后措施，有条件的区域可在出苗前、后洒水，保证出苗率、成活率。

草坪草需要有较为严格的后弃管护措施，播种草坪苗期管理如表8-15所示。

表8-15　　播种草坪苗期管理要求

管理内容	播种方式		
	籽　　播	喷　　播	植生带
喷水	小苗初期如无雨，每天喷1～2次，视天气情况逐日减喷次数	种子萌发前少量多次喷湿为主，出苗后视天气增减	幼苗期每天早晚各喷一次
除草	人工和化学除草均可，除早、除小、除了	选适当除草剂或人工除草	人工拔草，除早、除小、除了
清除覆盖物	出苗50%左右，可除去覆盖物和坪内杂物	清除杂物垃圾	清除杂物垃圾
其他管理		覆盖率达70%～80%时，紧压一次，使根系和土壤紧密结合	如有必要在幼苗分蘖前再覆土1～2cm，促进匍匐茎生长

（3）应用实例。铺草皮建植实例，如图8-8所示。

图8-8　铺草皮建植实例

8.4 绿篱

凡是由灌木或小乔木以近距离的株行距密植，栽成单行或双行，紧密结合的种植形式，称为绿篱。

(1) 适用范围。道路两侧，景观隔离区域隔离带。

(2) 设计要点。设计要点包括使用材料、技术要求两个方面。

1) 使用材料。通常应选用枝叶浓密、耐修剪、生长偏慢的木本种类。为了迅速取得近期效果，有时也可选用生长迅速的大叶黄杨、紫叶小檗、榆树等，常用绿篱分为高绿篱、中绿篱及矮绿篱。宁夏地区常见绿篱植物有榆树、大叶黄杨、小叶黄杨、紫叶小檗、侧柏、桧柏、紫穗槐等。

2) 技术要求。针对不同的绿篱，要求有所不同。

①高绿篱：常用来分隔空间、屏障山墙或厕所等不宜暴露之处。高度一般在1.5m以上，可在其上开设多种门洞、景窗以点缀景观。

②中绿篱：在园林建设中应用最广、栽植最多。其高度不超过1.3m，宽度不超过1.0m，多为双行几何曲线栽植。

③矮绿篱：主要用途是围定园地和作为草坪、花坛、道路的边饰，多用于小庭园，也可在大的园林空间中组字或构成图案，其高度通常在0.4m以内。

(3) 绿篱的管理。绿篱的管理主要包括以下两个方面：

①绿篱的肥水管理：绿篱要不断修剪，肥水条件要求较高。初植绿篱，按设计要求的篱宽，挖40cm深的沟，填上纯净肥沃的客土，或在客土中拌入适量腐熟的有机肥或复合肥，这样栽植后生长快。

②绿篱的修剪：平面绿篱、图形绿篱、造案绿篱，都是为了符合设计要求通过人工修剪而成。定植后充分灌水，并及时修剪。绿篱修剪的时期，要根据不同的树种灵活掌握。对于常绿针叶树种绿篱，因为它们每年新梢萌发得较早，应在春末夏初之际完成第一次修剪，立秋以后，秋梢又开始旺盛生长，这时应进行第二次全面修剪，使株丛在秋冬两季保持整齐划一，并在严冬到来之前完成伤口愈合。

8.5 攀援植物绿化

攀援植物又称藤本植物，指植物体不能直立，只能依附别的植物或支持物缠绕或攀援向上生长的植物。攀援植物绿化即是以攀援植物为绿化材料的人工绿化方式。

(1) 适用范围。绿化目标物整体及表层稳定性良好，或整体稳定性良好，表层经攀爬媒介的网固定后稳定性较好。

(2) 设计要点。设计要点主要包括以下两个方面：

1) 使用材料。宁夏常见攀爬植物为爬山虎。

①种植槽。浆砌，高度80cm以上，宽度50cm以上。

②土壤。符合种植土要求，土壤结构良好，富含有机质。

③攀爬媒介。土工网、铁丝网等。

④锚固（攀爬媒介）材料。螺纹钢（中、强风化岩和土夹石坡面），膨胀螺栓（未风化及弱风化岩坡面）。

2）技术要求。技术流程一般为：清理坡面—安装及固定攀爬媒介—修建种植槽—填充种植土—栽植藤本植物。种植槽可设计为半圆形、条形等，紧贴坡脚处修建，并在花池外侧底部预留小孔，防止花池溺水。在花池底部铺 2～3cm 的细砂石，种植土填充厚度不少于 50cm，然后铺设 5～10cm 的腐熟肥料，以利于植物生长。栽植根系距绿化对象表面 15cm 左右，株距 30～100cm 为宜。植物栽植完后，应对植株叶片进行修剪，利于苗木成活，并用扎带将植株与攀爬媒介固定。

3）应用实例。攀援植物绿化工程实例如图 8-9 所示。

图 8-9　攀援植物绿化工程实例

第9章　防风固沙工程

在风沙区兴建的生产建设项目，在建设和运行时易遭受风沙危害，需采取防风固沙措施。宁夏生产建设项目的防风固沙工程需主要针对流动、半固定沙地进行防护。根据宁夏的自然环境和气候特点，防风固沙措施主要采取沙障固沙及防风固沙林防护林带等。

9.1　沙障固沙

在流动、半固定沙地通常采用沙障来固沙。沙障固沙是用柴草、秸秆、黏土、卵石等物料在流沙面上做成屏蔽物，来削减风速、固定沙表。当地常见的沙障包括麦秸、稻草、黏土、树枝、卵石等形式。

根据沙障的地面分布形状划分为带状沙障和方格状（或网状）沙障。带状沙障在地面呈带状分布，带的走向垂直于主风向；方格状（或网状）沙障主要用于风向不稳定，有较强侧向风的地方，建设成本一般较带状沙障高，但防治效果明显，在宁夏风沙区多采用方格（或网状）沙障固沙。方格（或网状）沙障间距则取决于地面坡度、沙障高度和风力强弱，沙障高度要考虑沙粒在近地面的活动情况。沙障密度是设计沙障的孔隙度，一般采用25%～50%的透风孔隙，沙障应出露地表30cm以上，材料最好因地制宜，就地取材。常见的方格（或网状）沙障有草方格沙障和砾石沙障，在措施类型上属于工程措施，后期在建成的沙障内要辅以生物措施来增强防治效果，对场、站、所等点状式生产建设项目，如光伏电站光伏板区、输变电升压站区等沙障内人工造林种草必须配套灌溉设施，保障植被成活。沙障内造林种草宜选择当地乡土树种，且多树草种混播（交）。树草种苗木及种子品种、用量及抚育管护等参考手册植被建设工程相关内容。

9.1.1　草方格沙障

草方格沙障是把麦秸、稻草等粗纤维性材料的一端栽入流沙中固定，出露部分高度，在地表组成格状或带状的半隐蔽沙障。

（1）常见形式。就地取材，一般常用的有麦秆、稻草等柴草直立式埋深沙障。扎制深度在20cm左右，地表外露30cm以上，过低起不到防沙效果。

（2）设计要点。设计要点包括以下方面：

①草方格与主风向相对垂直，呈网格状布设。

②在新月形沙丘上设置时，丘顶空出一段，在迎风坡自上而下设置多带弧形草方格。

③4°以下的平缓沙地，高立式沙障间距为沙障高度的10～15倍，矮立式沙障草方格间距为2～4m。

④沙丘迎风坡面设置的草方格，要求下一列草方格的顶端比上一列草方格的基部高出

5～8m。

⑤草方格采用人工扎制草方格的方法。施工时将柴草沿方格线摆好，柴草放置方向与方格线垂直，位于方格线中间，两端尽量平齐，然后用平头铁锹从埋草中部将柴草插入沙中，埋深约 0.2～0.4m，上露沙面高度约 0.3～0.5m。

⑥常用规格及用量：规格有 80cm×80cm、1m×1m 等几种；根据经验，草方格柴草用量在 0.8～1.0kg/m^2。

⑦草方格扎制时间易在春秋两季进行。有条件的地方可在扎制前先将麦草浸水湿润，以增加麦草韧性。

(3) 典型设计。典型设计如图 9-1 所示。扎制草方格的材料选用麦草，草方格规格为 50cm×50cm，铺设宽度为上风向 50m，下风向 30m；扎制麦草时，地上外露部分为 10cm，沙埋部分不小于 20cm。

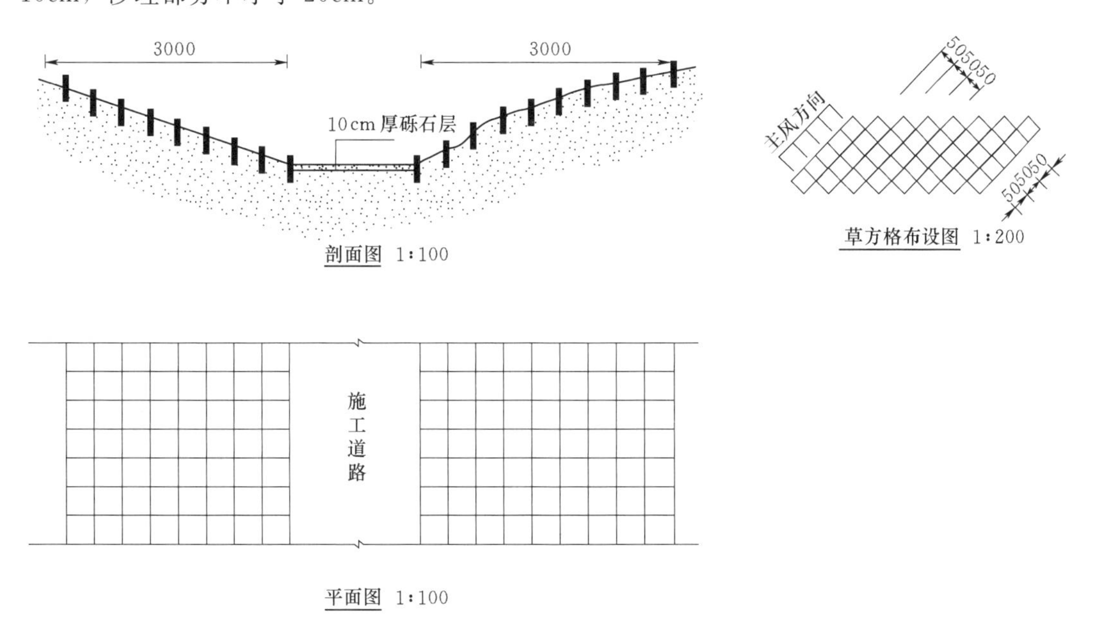

图 9-1　草方格沙障设计（单位：cm）

(4) 应用实例。应用实例如图 9-2 所示。

9.1.2　砾石压盖沙障

砾石沙障是对沙地生产建设项目施工迹地、扰动界面及戈壁、砾石含量丰富区域，对风沙裸露地进行土地平整后，用大粒径骨料、石块、砾石在沙土表面铺压。同时在有土壤条件，植被可恢复的沙地采用在铺压的砾石缝隙撒播草种，可以全面压盖，也可以排成方格网状，形成菱形方格。

(1) 使用材料。采用砾石、卵石、碎石等大粒径骨料或黏土压盖，可在缝隙撒播草籽，选择沙地适生的多草种混合撒播，来防沙固土。

(2) 设计要点。铺设厚度一般为 6～10cm。选取的砾石直径一般为 3～6cm。在砾石压盖之前一般先进行碾压、土地平整、压实等。

图 9-2　草方格沙障应用实例

9.1.3　沙障种草

沙障种草是在固沙沙障已建成，且流动沙地基本固定的沙地草方格沙障内人工撒播草籽，实现生物措施和工程措施互补，阻止沙丘流动。适用于已采取沙障措施、风蚀基本控制和沙丘基本固定的区域，且有灌溉条件的各类生产建设项目。

光伏发电厂、生产建设项目场、站区及周边，沙障种草需配套灌溉设施。

（1）适宜草种。宁夏地区常见的有沙蒿、沙米、沙打旺、苦豆子、沙生针茅、糜子等。

（2）设计要点。种草一般布置在风蚀较轻或固定沙丘地上，草带走向与主风向垂直；当地面坡度为6°～8°，草带宽6～8m，间距30～40m；当地面坡度为10°～20°，草带宽8～12m，间距20～30m。

1）撒播季节。撒播季节可选择在春季或秋季，降雨有保证的区域可选择在雨季来临前或雨后进行。

2）播种的深度。大粒种子可深（3～4cm），小粒种子可浅（1～2cm）；土质砂性大的可深，土质黏重的可浅。无论哪种情况，撒播完后都需镇压。

9.2　防风固沙林

在项目区周边或者风口要营造防风固沙林带，来降低风速、防止或减缓风蚀、固定沙地，保护生产建设项目免受风沙侵袭。在沙区风口处，进行风口造林；在林带间和风口内沙地进行成片造林。防风固沙林带规划设计的内容主要包括林带走向、宽度、间距、结构和混交类型等。

1）林带走向。主林带走向垂直于主风方向，或呈小于45°的偏角。副林带和主林带正交，道路两侧林带一般“林随路走”。

2）林带宽度。一般宽20～50m。通常主带宽8～12m，副带宽4～6m，实际中要根据工程或项目建设征占地合理确定造林宽度。

3）林带间距。基干林带一般间距 50～100m。农田防护林网间距按乔木壮龄期平均树高的 15～20 倍计算。

4）林带结构。根据各地不同条件，分别采用疏透结构林带、紧密结构林带、通风结构林带。

5）混交类型。根据防治需求，常见的类型有乔灌混交、乔木混交、灌木混交和综合混交林带。

9.2.1　风口造林

在风口先设置与主风垂直的带状沙障，宽 1～2m，间距 20～30m；在沙障保护下，进行风口造林。

风口造林应造紧密型结构的乔木、灌木混交林，株距 0.5m，行距 1.0m，乔木、灌木按 1∶1 比例，隔株或隔行栽植。

9.2.2　片状造林

在风蚀较轻的沙地或固定的低沙丘与半固定沙丘，采取直接成片造林，全面固沙。

在流动沙丘区，应先设置沙障，减缓风速，固定流沙，同时造林。其主要方式是：在迎风坡脚下种植灌木，拉低沙丘；在背风坡丘间地栽植成片乔木林带，阻挡流沙前移。

9.2.3　造林密度

固定沙地的造林密度，立地条件较好的固定沙丘与丘间地，乔木与灌木比例为 1∶2 或 1∶1；杨树、旱柳、白榆等每公顷 300～1200 株；樟子松、侧柏每公顷 1500～4500 株。

流动或半固定沙地的造林密度，立地条件较差的流动或半固定沙地可采用沙障固沙造林，以灌木为主。单行或双行的条带式密植，适当加大行带间距离，增强挡沙固沙作用。株距 1.0～1.5m，行带距 3～6m，每公顷 1000～3000 株。

9.2.4　防风固沙林树种的选择要求

（1）根系伸展广，根蘖性强，能笼络地表沙粒，固定流沙。

（2）耐风吹露根及沙埋，有生长不定根的能力，耐沙割。

（3）落叶丰富、能改良土壤。

（4）耐干旱，耐瘠薄，耐地表高温或耐沙洼地的水湿及盐碱。

其中，乔木树种应具有耐干旱、耐瘠薄、耐风打、耐沙埋、生长快、根系发达、分枝多、冠幅大、繁殖容易、抗病虫害、经济价值高等特点。

灌木树种要求防风效果好，抗干旱，耐沙埋，枝叶繁茂，萌蘖力强，条材（或薪材）产量高、质量好。

可选树种：杨树、国槐、锦鸡儿、紫穗槐、柽柳等。

第10章　临时防护措施

水土保持临时防护措施主要有临时苫盖、临时拦挡、临时排水、洒水降尘、临时种草绿化等措施。根据项目生产特点和地形、地貌条件的不同，可因地制宜配置水土保持临时防护措施，达到防治水土流失的效果，进一步提高水土流失防护体系的防护功能。

10.1　临时苫盖

临时苫盖措施主要用于风力侵蚀区域的生产建设项目施工期，主要是针对风蚀及扬尘危害所采取的苫盖。根据不同的使用材料，可分为草袋苫盖、砾石苫盖、苫布苫盖、防尘网苫盖、塑料布苫盖等。

（1）适用范围。施工中的各类裸露地、开挖的弃土或弃石、建筑用砂石料、剥离的表土等临时堆土，以及上述松散物质的运输过程，均应采取临时苫盖措施。

（2）使用材料。有草袋、砾石、苫布、防尘网、塑料布等。

（3）设计要点。裸露地面及临时堆土堆料等，可采用土工布、塑料布、防尘网等覆盖，覆盖时注意压牢，避免覆盖物被风吹走。在投资估算中要考虑材料的重复利用和折旧率，以及苫盖材料人工费中应当包含安装与拆除两个环节。

（4）工程实例。工程实例如图10-1所示。

(a) 防尘网临时覆盖

(b) 砾石覆盖

图10-1　临时措施应用实例

10.2　临时拦挡

临时拦挡工程一般用于水力侵蚀区，主要是在施工场地的边坡下侧、临时堆料、临时堆土（石、渣）及剥离表土临时堆放场等周边修建，其形式包括土袋围挡、土埂拦挡及彩钢板拦挡等。临时拦挡工程的形式及规模应根据渣土的规模、地面坡度、降雨等情况分析确定，遵循就地取材、经济合理、施工便捷、实用有效等原则。

10.2.1　土袋围挡

用草袋或者编织袋等装土堆放在临时堆土（石、渣、料）、施工边坡坡脚达到拦挡防护目的。

（1）适用范围。适用于生产建设项目施工期间临时堆土（石、渣、料）、施工边坡坡脚的临时拦挡防护，多用于土方的临时拦挡。

（2）使用材料。就近取用工程防护的土（石、渣、料）或工程自身开挖的土石料，施工后期拆除草袋（编织袋）。

（3）设计要点。①填土草袋（编织袋）布设于堆场周边、施工边坡的下侧，其断面形式和堆高在满足自身稳定的基础上，根据堆土形态及地面坡度确定。一般采用梯形断面，高度宜控制在 2m 以下。②填土草袋（编织袋）交错垒叠，袋内填筑料不宜太满，一般装至草袋（编织袋）容量的 70%～80%为宜，袋口用尼龙线等缝合，使草袋（编织袋）砌筑服帖。

（4）典型设计。典型设计如图 10－2 所示。

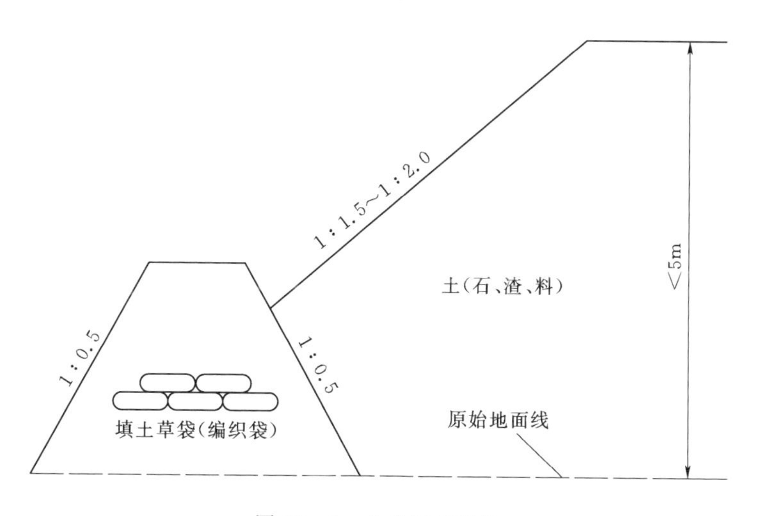

图 10－2　土袋围挡设计

10.2.2　土埂拦挡

土埂拦挡是指在水蚀区生产建设项目施工期就地取材，利用开挖出的多余土方，在施工扰动区域周边修筑稍高于地面的土埂，施工简易方便。

考虑土地的稳定性并满足拦挡要求，土埂一般采用梯形断面，埂高宜控制在1m以下，一般采用底宽40～50cm，顶宽30～40cm。土埂修筑时将土体堆置于防护对象外侧，对土体表面拍实。使用过程中，随时对土体修整，保证其拦挡防护要求。

常见的土埂拦挡设计断面如图10－3所示。

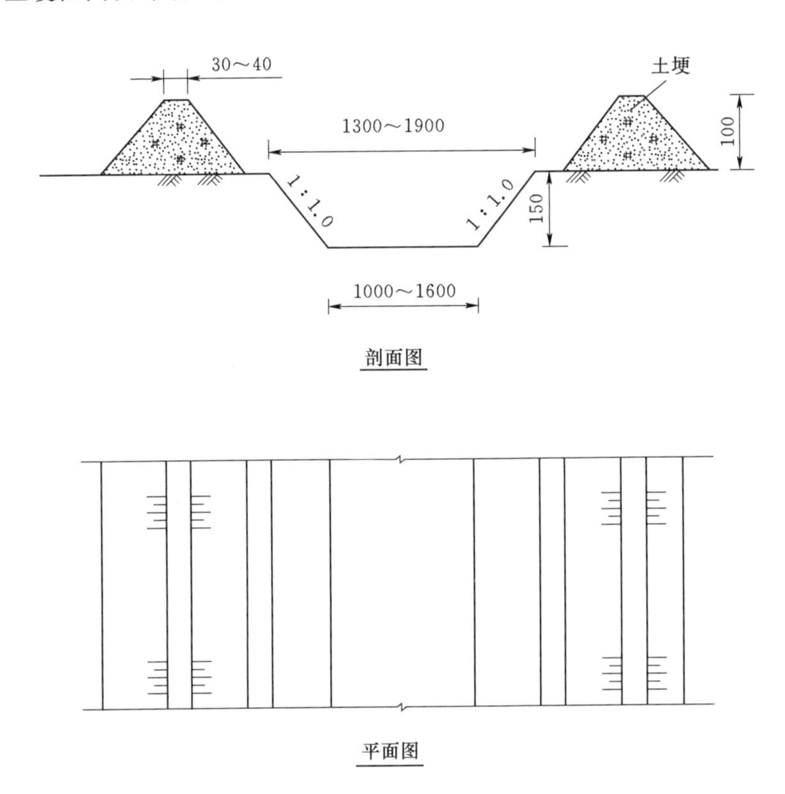

图10－3　土埂拦挡设计（单位：cm）

10.2.3　彩钢板围挡

用彩钢板对施工区进行围挡，具有节约占地、施工方便、可重复利用等优点。

(1) 适用范围。适用于生产建设项目基坑施工期、临时堆土（石、渣、料）的临时拦挡防护，多用于城区附近的产业园区类项目及线性工程。

(2) 使用材料。有彩钢板、铜管及套件、辅料等。

(3) 设计要点。围栏沿堆场周边布设。为保证其拦挡效果，在堆体的坡脚预留约1m距离，围栏高控制在1～1.5m范围内；在山地区，围栏布设于施工边坡下侧，高度根据堆体的坡度及高度确定。

(4) 典型设计。典型设计如图10－4所示。

(5) 应用实例。应用实例如图10－5所示。

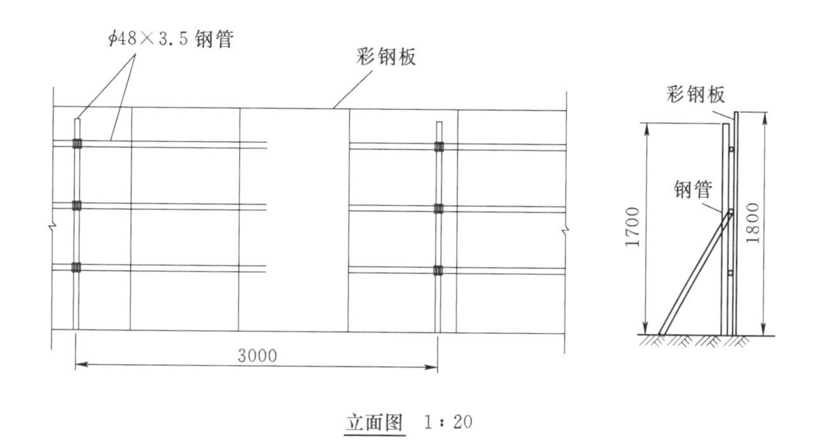

图 10-4　彩钢挡板设计（单位：mm）

图 10-5　彩钢挡板工程实例

10.3　临时排水

临时排水是为减轻施工期间降雨及地表径流对临时堆土（渣、料）、施工道路、施工场地及周边区域的影响，通过汇集地表径流并导引至安全地点以控制水土流失的措施。临时排水工程一般主要适用于降水量大于 400mm 的土石山区和黄土丘陵沟壑区的工业场区以及施工期跨雨季的生产建设项目。

根据沟道材质，其可分为土质排水沟、砌石（砖）排水沟等形式。

10.3.1　土质排水沟

土质排水沟施工简便、造价低，但其抗冲、抗渗、耐久性差，易崩塌，运行中应及时维护。

（1）适用范围。适用于施工期短、设计流速较小的排水沟。

（2）使用材料。由于施工简便，所以只需根据设计水沟大小选择合适的挖掘机械。

（3）设计要点。设计要点主要包括以下内容。

1）选择合适的断面形状。土质排水沟多采用梯形断面，其边坡系数根据开挖深度、沟槽土质及地下水情况等条件，经稳定性分析后确定。

2）断面大小的确定。首先根据径流系数、降雨量、降雨强度及汇水面积等估算径流量，再根据径流量、水力坡降通过查表或计算得所需断面大小。

3）排水沟应布置在低洼地带，并尽量利用天然河沟，出口采用自排方式，并与周边天然沟道或洼地顺接；排水沟设计水位应低于地面（或堤顶）不少于0.2m；对于平缓地形条件下设置排水沟，其断面尺寸可根据当地经验确定，必要时，需要在排水沟末端设置沉沙池；上下级排水沟应按分段流量设计断面，排水沟分段处水面应平顺衔接；流速较大处，需要设置跌水等消能设施。

（4）应用实例。应用实例如图10-6所示。

图10-6　土质排水沟应用实例

10.3.2　砌砖排水沟

砌砖排水沟施工相对复杂、造价高，但其抗冲、抗渗、耐久性好，不易崩塌。

（1）适用范围。适用于砖料来源丰富、可就地取材、排水沟设计流速偏大且建设工期较长的生产建设项目。

（2）使用材料。有砖块、土坯等。

（3）设计要点。设计要点包括以下三个方面：

1）沟面衬砌材料及断面形状根据现场状况、作业需要及流速、流量等因素确定。砌石排水沟可采用梯形、抛物线形或矩形断面，砖砌排水沟一般采用矩形断面。

2）根据径流系数、降雨量、降雨强度及汇水面积等估算径流量，再根据径流量、水力坡降通过查表或计算得出所需断面大小。

3）排水沟应布置在低洼地带，并尽量利用天然河沟，出口采用自排方式，并与周边天然沟道或洼地顺接；排水沟设计水位应低于地面（或堤顶）不少于0.2m；对于平缓地形条件下设置排水沟，其断面尺寸可根据当地经验确定，必要时，需要在排水沟末端设置沉沙池；上下级排水沟应按分段流量设计断面，排水沟分段处水面应平顺衔接；流速较大

处，需要设置跌水等消能设施。

（4）典型设计。典型设计如图10－7所示。

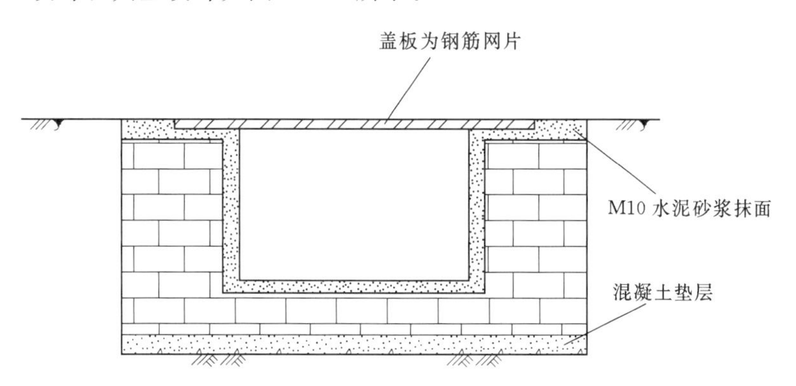

图10－7　砌砖排水沟设计（单位：mm）

10.4　洒水降尘

为减少风蚀扬尘对项目区周边环境的影响，特别在干燥、大风等易起尘土的季节施工时，对扰动地表、临时堆土进行洒水降尘，可促进表面形成结皮，达到抑制扬尘、保护环境的目的。

临时堆土在堆放时或者结束后可根据实际情况对坡面进行临时洒水，促进表面板结或结皮；临时便道需要进行定期洒水。施工期，多风晴朗天气时可以加大喷洒次数。

根据项目、季节不同设置不同的洒水次数与洒水量。大风、土粒较小易飞扬、扰动性大的道路等应增加洒水次数与洒水量，一次扰动地面在扰动后尽快洒水，后期形成沙结皮后可以不洒水或者减少洒水次数。

10.5　临时绿化防护

对裸露时间超过一个生长季节的临时堆土面、建设预留地等区域，应采取临时绿化防护措施。临时绿化防护措施设计时要充分考虑地形条件、生产工艺、防护要求等，要在满足防护需要的同时，尽可能降低防护成本。

在条件合适的地区，对堆存时间较长的堆土区可采取临时撒播草籽的方式，既防治水土流失、美化区域环境，又可有效保存土壤中的有机养分，以达到后期利用的目的。

（1）适用范围。主要适用于施工过程中临时堆存的表土、建设预留地。

（2）设计要点。设计要点包括以下内容：

1）草籽采用撒播方式，品种选取草本物种，以“适地适草”，生长迅速为原则，推荐草本有小麦、糜子、苜蓿、草木犀、紫花苜蓿等。

2）临时种草措施施工期应选择在雨季或雨季即将来临之前。

3）播撒前，对种草区域进行松土；播撒后要适当洒水，以保证土壤湿度，为草籽正常生长创造良好条件。

10.6　下铺上盖防护

堆土前在地面上铺设土工布，堆土后，堆土表面苫盖土工布。也可以采用塑料布、苫布、彩条布、编织袋、纤维袋等其他材料。

（1）适用范围。主要适用于施工过程中土石方开挖量少，开挖面分散，可基本实现土石方就地平衡、短期堆存的土方砂石料等，如输电线路的塔基施工。

（2）使用材料。有土工布、塑料布、苫布、彩条布、编织袋、纤维袋等其他材料。

（3）设计要点。设计要点包括以下两个方面：

1）堆土前地面平整，去除石块等杂物。

2）苫盖材料应与土方贴合并压盖，避免被风吹起。

附 表

附表 1 各种土类填土土坡的稳定坡比（高度∶水平距离）

填土高度/m	黏土	粉砂	细砂	中砂至碎石	风化岩屑（页岩、千枚岩等）
<6	1∶1.50	1∶1.75	1∶1.75	1∶1.50	1∶1.5～1∶1.75
6～12	1∶7.50	1∶2	1∶2	1∶1.50	1∶1.75～1∶2
12～18	1∶2	1∶2.50	1∶2	1∶1.75	1∶2～1∶2.25
20～30	1∶2	—	—	1∶2	—
30～40	1∶2	—	—	1∶2.25	—

附表 2 碎石土边坡稳定坡比（高度∶水平距离）

土体结合密实程度		边 坡 高 度		
		<10m	10～20m	20～30m
胶结的		1∶0.30	1∶0.30～1∶0.50	1∶0.50
密实的		1∶0.50	1∶0.50～1∶0.75	1∶0.75～1∶1
中等密实的		1∶0.75～1∶1.10	1∶1	1∶1.25～1∶1.5
松散的	大多数块径大于 40cm	1∶0.50	1∶0.75	1∶0.75～1∶1
	大多数块径大于 25cm	1∶0.75	1∶1.00	1∶1.00～1∶1.35
	块径一般小于 25cm	1∶1.25	1∶1.50	1∶1.50～1∶1.75

附表 3 各类土的挖方边坡坡度

土的类别	边坡坡度（高∶宽）
砂土（不包括细砂、粉砂）	1∶1.25～1∶1.15
坚硬	1∶0.75～1∶1.00
硬塑	1∶1.00～1∶1.25
充填坚硬、硬塑性黏土	1∶0.50～1∶1.00
充填砂土	1∶1.00～1∶1.50

附表 4 砌 筑 砂 浆 配 合 比

项目材料	单位	混合砂浆/m^3					水泥砂浆/m^3			勾缝水泥砂浆/m^3
		M10	M7.5	M5	M2.5	M1	M10	M7.5	M5	1∶1
水泥	kg	304	248	190	129	79	346	274	209	826
白灰	kg	31	53	81	103	130	—	—	—	—
砂子	kg	1631	1631	1631	1631	1631	1631	1631	1631	1090

附表 5

常规混凝土配合比

标号	密度/(kg/m³)	主材名称及质量/kg					主材名称及方量/m³					备注
		水泥(ρ=3.15)	砂(ρ=1.28)	石子(ρ=2.6)	水(ρ=1.0)	质量配合比	水泥(ρ=3.15)	砂(ρ=1.28)	石子(ρ=2.6)	水(ρ=1.0)	方量配合比	
C10	2360	264	711	1211	185	1：2.69：4.59：0.70	84	555	466	185	1：6.63：5.56：2.21	
C15	2375	310	643	1247	160	1：2.07：4.02：0.52	98	502	480	160	1：5.10：4.87：1.63	
C20	2490	343	621	1261	175	1：1.81：3.68：0.51	109	485	485	175	1：4.46：4.45：1.61	
C25	2410	398	566	1261	175	1：1.42：3.17：0.44	126	442	485	175	1：3.50：3.84：1.39	
C30	2420	352	676	1202	190	1：1.92：3.14：0.54	112	528	462	190	1：4.73：4.14：1.70	
C35	2430	386	643	1194	197	1：1.67：3.09：0.51	123	502	459	197	1：4.10：3.75：1.61	
C40	2440	398	649	1155	199	1：1.63：2.90：0.50	126	507	444	199	1：4.01：3.52：1.58	
C45	2450	456	622	1156	196	1：1.36：2.53：0.43	145	486	445	196	1：3.36：3.07：1.35	
C50	2460	468	626	1162	192	1：1.33：2.47：0.41	149	489	447	192	1：3.29：3.01：1.29	
C55	2470	395	610	1150	160	1：1.54：2.91：0.40	125	477	442	160	1：3.80：3.53：1.28	粉煤灰140kg
C60	2480	520	675	1055	162	1：1.30：2.02：0.31	165	527	406	162	1：3.19：2.46：0.98	粉煤灰80kg

附表 6　　**陡峻山地不同频率最大流量模数 Q**　　单位：$m^3/(s \cdot km^2)$

区域 \ 频率	最大流量模数 Q				
	10%	3.33%	5%	2%	1%
泾源县	9.2612	11.6670	13.1074	14.9078	17.3618
隆德县	9.2978	11.7152	13.1601	14.9674	17.4306
彭阳县	9.2153	11.7060	13.1509	15.0201	17.5843
西吉县	8.2337	10.4607	11.7519	13.4193	15.7128
原州区	9.1923	11.7129	13.1968	15.0729	17.6944
海源县	8.3460	10.7061	12.0822	13.8596	16.3458
沙坡头区	6.7222	8.7658	9.9882	11.5409	13.7243
中宁县	6.8897	8.9836	10.2359	11.8276	14.0660
红寺堡区	7.1970	9.3529	10.6304	12.2817	14.5729
利通区	7.1993	9.4790	10.8437	12.6120	15.0477
青铜峡市	6.9493	9.1212	10.4263	12.0890	14.4146
同心县	7.4906	9.6694	10.9721	12.6280	14.9169
盐池县	8.6511	11.2794	12.8528	14.8504	17.6600
贺兰县	7.8667	10.3964	11.9010	13.8665	16.5774
灵武市	7.3094	9.5914	10.9652	12.7152	15.1600
兴庆区	7.8346	10.3162	11.8001	13.7266	16.3756
金凤区	7.8346	10.3162	11.8001	13.7266	16.3756
西夏区	7.8346	10.3162	11.8001	13.7266	16.3756
永宁县	7.2612	9.5593	10.9354	12.7220	15.1761
平罗县	7.8346	10.3162	11.8001	13.7266	16.3756
惠农区	7.8988	10.4767	12.0019	14.0087	16.7770
大武口区	8.8300	11.5134	13.1188	15.1600	18.0269

注　1. 径流系数 K 一般在 0.75～0.90 之间，本表计算时取中值 0.825。

2. Q_B＝0.278KIF。

附表 7　　**起伏山地不同频率最大流量模数 Q**　　单位：$m^3/(s \cdot km^2)$

区域 \ 频率	最大流量模数 Q				
	10%	3.33%	5%	2%	1%
泾源县	7.8579	9.8993	11.1214	12.6490	14.7312
隆德县	7.8891	9.9402	11.1661	12.6996	14.7896
彭阳县	7.8190	9.9324	11.1584	12.7444	14.9200
西吉县	6.9861	8.8757	9.9713	11.3860	13.3320
原州区	7.7996	9.9382	11.1973	12.7891	15.0134
海源县	7.0815	9.0839	10.2515	11.7597	13.8691
沙坡头区	5.7037	7.4376	8.4748	9.7923	11.6449

续表

区域 \ 频率	最大流量模数 Q				
	10%	3.33%	5%	2%	1%
中宁县	5.8458	7.6225	8.6850	10.0355	11.9348
红寺堡区	6.1065	7.9358	9.0197	10.4208	12.3649
利通区	6.1085	8.0428	9.2007	10.7011	12.7677
青铜峡市	5.8964	7.7392	8.8465	10.2574	12.2306
同心县	6.3556	8.2043	9.3097	10.7147	12.6568
盐池县	7.3403	9.5704	10.9054	12.6004	14.9842
贺兰县	6.6748	8.8212	10.0978	11.7655	14.0657
灵武市	6.2019	8.1382	9.3038	10.7886	12.8631
兴庆区	6.6475	8.7531	10.0122	11.6468	13.8944
金凤区	6.6475	8.7531	10.0122	11.6468	13.8944
西夏区	6.6475	8.7531	10.0122	11.6468	13.8944
永宁县	6.1610	8.1109	9.2785	10.7945	12.8767
平罗县	6.6475	8.7531	10.0122	11.6468	13.8944
惠农区	6.7020	8.8893	10.1834	11.8862	14.2350
大武口区	7.4921	9.7689	11.1311	12.8631	15.2956

注 1. 径流系数 K 一般在 0.60～0.80 之间，本表计算时取中值 0.70。

2. Q_B＝0.278KIF。

附表 8　　起伏草地不同频率最大流量模数 Q　　单位：$m^3/(s \cdot km^2)$

区域 \ 频率	最大流量模数 Q				
	10%	3.33%	5%	2%	1%
泾源县	5.8935	7.4245	8.3410	9.4868	11.0484
隆德县	5.9168	7.4551	8.3746	9.5247	11.0922
彭阳县	5.8643	7.4493	8.3688	9.5583	11.1900
西吉县	5.2396	6.6568	7.4785	8.5395	9.9990
原州区	5.8497	7.4537	8.3980	9.5918	11.2600
海源县	5.3111	6.8129	7.6886	8.8198	10.4019
沙坡头区	4.2778	5.5782	6.3561	7.3442	8.7336
中宁县	4.3843	5.7169	6.5137	7.5266	8.9511
红寺堡区	4.5799	5.9518	6.7648	7.8156	9.2737
利通区	4.5814	6.0321	6.9005	8.0258	9.5758
青铜峡市	4.4223	5.8044	6.6349	7.6930	9.1730
同心县	4.7667	6.1533	6.9822	8.0360	9.4926
盐池县	5.5052	7.1778	8.1790	9.4503	11.2382
贺兰县	5.0061	6.6159	7.5733	8.8241	10.5493

续表

区域 \ 频率	最大流量模数 Q				
	10%	3.33%	5%	2%	1%
灵武市	4.6514	6.1036	6.9779	8.0915	9.6473
兴庆区	4.9857	6.5648	7.5091	8.7351	10.4208
金凤区	4.9857	6.5648	7.5091	8.7351	10.4208
西夏区	4.9857	6.5648	7.5091	8.7351	10.4208
永宁县	4.6208	6.0832	6.9589	8.0958	9.6575
平罗县	4.9857	6.5648	7.5091	8.7351	10.4208
惠农区	5.0265	6.6670	7.6376	8.9146	10.6762
大武口区	5.6191	7.3267	8.3483	9.6473	11.4717

注 1. 径流系数 K 一般在 0.40～0.65 之间，本表计算时取中值 0.525。

2. Q_B＝0.278KIF。

附表 9　平坦耕地不同频率最大流量模数 Q　　单位：$m^3/(s \cdot km^2)$

区域 \ 频率	最大流量模数 Q				
	10%	3.33%	5%	2%	1%
泾源县	5.8935	7.4245	8.3410	9.4868	11.0484
隆德县	5.9168	7.4551	8.3746	9.5247	11.0922
彭阳县	5.8643	7.4493	8.3688	9.5583	11.1900
西吉县	5.2396	6.6568	7.4785	8.5395	9.9990
原州区	5.8497	7.4537	8.3980	9.5918	11.2600
海源县	5.3111	6.8129	7.6886	8.8198	10.4019
沙坡头区	4.2778	5.5782	6.3561	7.3442	8.7336
中宁县	4.3843	5.7169	6.5137	7.5266	8.9511
红寺堡区	4.5799	5.9518	6.7648	7.8156	9.2737
利通区	4.5814	6.0321	6.9005	8.0258	9.5758
青铜峡市	4.4223	5.8044	6.6349	7.6930	9.1730
同心县	4.7667	6.1533	6.9822	8.0360	9.4926
盐池县	5.5052	7.1778	8.1790	9.4503	11.2382
贺兰县	5.0061	6.6159	7.5733	8.8241	10.5493
灵武市	4.6514	6.1036	6.9779	8.0915	9.6473
兴庆区	4.9857	6.5648	7.5091	8.7351	10.4208
金凤区	4.9857	6.5648	7.5091	8.7351	10.4208
西夏区	4.9857	6.5648	7.5091	8.7351	10.4208
永宁县	4.6208	6.0832	6.9589	8.0958	9.6575
平罗县	4.9857	6.5648	7.5091	8.7351	10.4208
惠农区	5.0265	6.6670	7.6376	8.9146	10.6762
大武口区	5.6191	7.3267	8.3483	9.6473	11.4717

注 1. 径流系数 K 一般在 0.45～0.60 之间，本表计算时取中值 0.525。

2. Q_B＝0.278KIF。

附表 10 **落叶林地不同频率最大流量模数 Q** 单位：$m^3/(s \cdot km^2)$

频率 / 区域	最大流量模数 Q				
	10%	3.33%	5%	2%	1%
泾源县	5.3322	6.7174	7.5467	8.5833	9.9962
隆德县	5.3533	6.7451	7.5770	8.6176	10.0358
彭阳县	5.3058	6.7398	7.5717	8.6480	10.1243
西吉县	4.7406	6.0228	6.7662	7.7262	9.0467
原州区	5.2926	6.7438	7.5982	8.6783	10.1877
海源县	4.8053	6.1641	6.9564	7.9798	9.4112
沙坡头区	3.8704	5.0470	5.7508	6.6448	7.9019
中宁县	3.9668	5.1724	5.8934	6.8098	8.0986
红寺堡区	4.1437	5.3850	6.1205	7.0713	8.3905
利通区	4.1450	5.4576	6.2433	7.2614	8.6638
青铜峡市	4.0011	5.2516	6.0030	6.9604	8.2993
同心县	4.3128	5.5672	6.3173	7.2707	8.5885
盐池县	4.9809	6.4942	7.4001	8.5502	10.1679
贺兰县	4.5293	5.9858	6.8521	7.9837	9.5446
灵武市	4.2084	5.5223	6.3133	7.3209	8.7285
兴庆区	4.5108	5.9396	6.7940	7.9032	9.4284
金凤区	4.5108	5.9396	6.7940	7.9032	9.4284
西夏区	4.5108	5.9396	6.7940	7.9032	9.4284
永宁县	4.1807	5.5038	6.2961	7.3248	8.7377
平罗县	4.5108	5.9396	6.7940	7.9032	9.4284
惠农区	4.5478	6.0320	6.9102	8.0656	9.6595
大武口区	5.0839	6.6289	7.5533	8.7285	10.3791

注 1. 径流系数 K 一般在 0.35～0.60 之间，本表计算时取中值 0.475。

2. Q_B＝0.278KIF。

附表 11 **针叶林地不同频率最大流量模数 Q** 单位：$m^3/(s \cdot km^2)$

频率 / 区域	最大流量模数 Q				
	10%	3.33%	5%	2%	1%
泾源县	4.2096	5.3032	5.9579	6.7763	7.8917
隆德县	4.2263	5.3251	5.9819	6.8034	7.9230
彭阳县	4.1888	5.3209	5.9777	6.8273	7.9928
西吉县	3.7426	4.7548	5.3418	6.0997	7.1422
原州区	4.1783	5.3240	5.9985	6.8513	8.0429
海源县	3.7937	4.8664	5.4919	6.2998	7.4299
沙坡头区	3.0556	3.9844	4.5401	5.2459	6.2383

续表

区域 \ 频率	最大流量模数 Q				
	10%	3.33%	5%	2%	1%
中宁县	3.1317	4.0835	4.6527	5.3762	6.3937
红寺堡区	3.2714	4.2513	4.8320	5.5826	6.6240
利通区	3.2724	4.3087	4.9289	5.7327	6.8398
青铜峡市	3.1588	4.1460	4.7392	5.4950	6.5521
同心县	3.4048	4.3952	4.9873	5.7400	6.7804
盐池县	3.9323	5.1270	5.8422	6.7502	8.0273
贺兰县	3.5758	4.7257	5.4095	6.3030	7.5352
灵武市	3.3224	4.3597	4.9842	5.7796	6.8909
兴庆区	3.5612	4.6892	5.3637	6.2394	7.4435
金凤区	3.5612	4.6892	5.3637	6.2394	7.4435
西夏区	3.5612	4.6892	5.3637	6.2394	7.4435
永宁县	3.3006	4.3451	4.9706	5.7827	6.8982
平罗县	3.5612	4.6892	5.3637	6.2394	7.4435
惠农区	3.5904	4.7621	5.4554	6.3676	7.6259
大武口区	4.0136	5.2334	5.9631	6.8909	8.1941

注 1. 径流系数 K 一般在 0.25～0.50 之间，本表计算时取中值 0.375。

2. $Q_B=0.278KIF$。

附表 12 **卵石、块石坡不同频率最大流量模数 Q** 单位：$m^3/(s \cdot km^2)$

区域 \ 频率	最大流量模数 Q				
	10%	3.33%	5%	2%	1%
泾源县	1.2909	1.6263	1.8271	2.0781	2.4201
隆德县	1.2961	1.6330	1.8344	2.0864	2.4297
彭阳县	1.2846	1.6317	1.8332	2.0937	2.4511
西吉县	1.1477	1.4582	1.6381	1.8706	2.1903
原州区	1.2814	1.6327	1.8396	2.1011	2.4665
海源县	1.1634	1.4924	1.6842	1.9319	2.2785
沙坡头区	0.9370	1.2219	1.3923	1.6087	1.9131
中宁县	0.9604	1.2523	1.4268	1.6487	1.9607
红寺堡区	1.0032	1.3037	1.4818	1.7120	2.0314
利通区	1.0035	1.3213	1.5115	1.7580	2.0976
青铜峡市	0.9687	1.2714	1.4534	1.6851	2.0093
同心县	1.0441	1.3479	1.5294	1.7603	2.0793
盐池县	1.2059	1.5723	1.7916	2.0701	2.4617
贺兰县	1.0966	1.4492	1.6589	1.9329	2.3108

续表

区域＼频率	最大流量模数 Q				
	10%	3.33%	5%	2%	1%
灵武市	1.0189	1.3370	1.5285	1.7724	2.1132
兴庆区	1.0921	1.4380	1.6449	1.9134	2.2827
金凤区	1.0921	1.4380	1.6449	1.9134	2.2827
西夏区	1.0921	1.4380	1.6449	1.9134	2.2827
永宁县	1.0122	1.3325	1.5243	1.7734	2.1155
平罗县	1.0921	1.4380	1.6449	1.9134	2.2827
惠农区	1.1010	1.4604	1.6730	1.9527	2.3386
大武口区	1.2308	1.6049	1.8287	2.1132	2.5128

注 1. 径流系数 K 一般在 0.08～0.15 之间，本表计算时取中值 0.115。
2. Q_B＝0.278KIF。

附表 13　　硬质岩石坡面不同频率最大流量模数 Q　　单位：$m^3/(s \cdot km^2)$

区域＼频率	最大流量模数 Q				
	10%	3.33%	5%	2%	1%
泾源县	8.6999	10.9599	12.3130	14.0043	16.3096
隆德县	8.7343	11.0052	12.3625	14.0603	16.3742
彭阳县	8.6568	10.9966	12.3539	14.1098	16.5186
西吉县	7.7347	9.8267	11.0397	12.6060	14.7605
原州区	8.6352	11.0030	12.3970	14.1594	16.6220
海源县	7.8402	10.0572	11.3499	13.0196	15.3551
沙坡头区	6.3148	8.2345	9.3828	10.8414	12.8925
中宁县	6.4721	8.4392	9.6155	11.1108	13.2135
红寺堡区	6.7608	8.7861	9.9861	11.5373	13.6897
利通区	6.7630	8.9045	10.1865	11.8476	14.1357
青铜峡市	6.5281	8.5684	9.7944	11.3564	13.5410
同心县	7.0366	9.0834	10.3071	11.8627	14.0129
盐池县	8.1268	10.5958	12.0738	13.9504	16.5897
贺兰县	7.3899	9.7663	11.1797	13.0261	15.5727
灵武市	6.8664	9.0101	10.3007	11.9445	14.2412
兴庆区	7.3598	9.6909	11.0849	12.8947	15.3831
金凤区	7.3598	9.6909	11.0849	12.8947	15.3831
西夏区	7.3598	9.6909	11.0849	12.8947	15.3831
永宁县	6.8211	8.9800	10.2727	11.9510	14.2563
平罗县	7.3598	9.6909	11.0849	12.8947	15.3831
惠农区	7.4201	9.8418	11.2745	13.1597	15.7602
大武口区	8.2948	10.8156	12.3237	14.2412	16.9344

注 1. 径流系数 K 一般在 0.70～0.85 之间，本表计算时取中值 0.775。
2. Q_B＝0.278KIF。

附表 14 **软质岩石坡面不同频率最大流量模数 Q** 单位：$m^3/(s \cdot km^2)$

区域 \ 频率	最大流量模数 Q				
	10%	3.33%	5%	2%	1%
泾源县	7.0160	8.8387	9.9298	11.2938	13.1529
隆德县	7.0438	8.8752	9.9698	11.3389	13.2050
彭阳县	6.9813	8.8682	9.9628	11.3789	13.3214
西吉县	6.2376	7.9247	8.9030	10.1661	11.9036
原州区	6.9639	8.8734	9.9976	11.4189	13.4048
海源县	6.3228	8.1107	9.1532	10.4997	12.3832
沙坡头区	5.0926	6.6407	7.5668	8.7431	10.3972
中宁县	5.2195	6.8058	7.7545	8.9603	10.6561
红寺堡区	5.4523	7.0855	8.0533	9.3043	11.0401
利通区	5.4540	7.1811	8.2149	9.5545	11.3997
青铜峡市	5.2646	6.9100	7.8987	9.1584	10.9202
同心县	5.6747	7.3253	8.3122	9.5667	11.3007
盐池县	6.5539	8.5450	9.7370	11.2503	13.3788
贺兰县	5.9596	7.8761	9.0159	10.5049	12.5587
灵武市	5.5374	7.2662	8.3070	9.6327	11.4849
兴庆区	5.9353	7.8153	8.9394	10.3989	12.4058
金凤区	5.9353	7.8153	8.9394	10.3989	12.4058
西夏区	5.9353	7.8153	8.9394	10.3989	12.4058
永宁县	5.5009	7.2419	8.2844	9.6379	11.4970
平罗县	5.9353	7.8153	8.9394	10.3989	12.4058
惠农区	5.9840	7.9369	9.0923	10.6127	12.7098
大武口区	6.6894	8.7223	9.9385	11.4849	13.6568

注 1. 径流系数 K 一般在 0.50～0.75 之间，本表计算时取中值 0.625。

2. Q_B＝0.278KIF。

附表 15 **细粒土坡面和路肩不同频率最大流量模数 Q** 单位：$m^3/(s \cdot km^2)$

区域 \ 频率	最大流量模数 Q				
	10%	3.33%	5%	2%	1%
泾源县	5.8935	7.4245	8.3410	9.4868	11.0484
隆德县	5.9168	7.4551	8.3746	9.5247	11.0922
彭阳县	5.8643	7.4493	8.3688	9.5583	11.1900
西吉县	5.2396	6.6568	7.4785	8.5395	9.9990
原州区	5.8497	7.4537	8.3980	9.5918	11.2600
海源县	5.3111	6.8129	7.6886	8.8198	10.4019
沙坡头区	4.2778	5.5782	6.3561	7.3442	8.7336

续表

频率 区域	最大流量模数 Q				
	10%	3.33%	5%	2%	1%
中宁县	4.3843	5.7169	6.5137	7.5266	8.9511
红寺堡区	4.5799	5.9518	6.7648	7.8156	9.2737
利通区	4.5814	6.0321	6.9005	8.0258	9.5758
青铜峡市	4.4223	5.8044	6.6349	7.6930	9.1730
同心县	4.7667	6.1533	6.9822	8.0360	9.4926
盐池县	5.5052	7.1778	8.1790	9.4503	11.2382
贺兰县	5.0061	6.6159	7.5733	8.8241	10.5493
灵武市	4.6514	6.1036	6.9779	8.0915	9.6473
兴庆区	4.9857	6.5648	7.5091	8.7351	10.4208
金凤区	4.9857	6.5648	7.5091	8.7351	10.4208
西夏区	4.9857	6.5648	7.5091	8.7351	10.4208
永宁县	4.6208	6.0832	6.9589	8.0958	9.6575
平罗县	4.9857	6.5648	7.5091	8.7351	10.4208
惠农区	5.0265	6.6670	7.6376	8.9146	10.6762
大武口区	5.6191	7.3267	8.3483	9.6473	11.4717

注 1. 径流系数 K 一般在 0.40～0.65 之间，本表计算时取中值 0.525。

2. Q_B＝0.278KIF。

附表 16　　粗粒土坡面和路肩不同频率最大流量模数 Q　　$m^3/(s \cdot km^2)$

频率 区域	最大流量模数 Q				
	10%	3.33%	5%	2%	1%
泾源县	2.2451	2.8284	3.1775	3.6140	4.2089
隆德县	2.2540	2.8400	3.1903	3.6285	4.2256
彭阳县	2.2340	2.8378	3.1881	3.6412	4.2629
西吉县	1.9960	2.5359	2.8489	3.2532	3.8092
原州区	2.2284	2.8395	3.1992	3.6540	4.2895
海源县	2.0233	2.5954	2.9290	3.3599	3.9626
沙坡头区	1.6296	2.1250	2.4214	2.7978	3.3271
中宁县	1.6702	2.1779	2.4814	2.8673	3.4099
红寺堡区	1.7447	2.2674	2.5771	2.9774	3.5328
利通区	1.7453	2.2979	2.6288	3.0574	3.6479
青铜峡市	1.6847	2.2112	2.5276	2.9307	3.4945
同心县	1.8159	2.3441	2.6599	3.0613	3.6162
盐池县	2.0972	2.7344	3.1158	3.6001	4.2812
贺兰县	1.9071	2.5203	2.8851	3.3616	4.0188

续表

区域 \ 频率	最大流量模数 Q				
	10%	3.33%	5%	2%	1%
灵武市	1.7720	2.3252	2.6582	3.0825	3.6752
兴庆区	1.8993	2.5009	2.8606	3.3277	3.9698
金凤区	1.8993	2.5009	2.8606	3.3277	3.9698
西夏区	1.8993	2.5009	2.8606	3.3277	3.9698
永宁县	1.7603	2.3174	2.6510	3.0841	3.6791
平罗县	1.8993	2.5009	2.8606	3.3277	3.9698
惠农区	1.9149	2.5398	2.9095	3.3960	4.0671
大武口区	2.1406	2.7911	3.1803	3.6752	4.3702

注 1. 径流系数 K 一般在 0.10～0.30 之间，本表计算时取中值 0.20。

2. Q_B＝0.278KIF。

附表 17　　常见浆砌石梯形排水渠过水能力表

断面尺寸/m					设计要素			过水能力/(m^3/s)	流速/(m/s)
底宽	上口宽	水深	安全超	渠深	内坡比	纵坡	糙率		
0.30	1.10	0.20	0.20	0.40	1∶1	2%	0.025	0.1342	1.3417
0.30	1.20	0.25	0.20	0.45	1∶1	2%	0.025	0.2062	1.4999
0.30	1.30	0.30	0.20	0.50	1∶1	2%	0.025	0.2960	1.6444
0.35	1.25	0.25	0.20	0.45	1∶1	2%	0.025	0.2308	1.5389
0.35	1.35	0.30	0.20	0.50	1∶1	2%	0.025	0.3288	1.6859
0.35	1.45	0.35	0.20	0.55	1∶1	2%	0.025	0.4465	1.8223
0.40	1.20	0.20	0.20	0.40	1∶1	2%	0.025	0.1690	1.4087
0.40	1.30	0.25	0.20	0.45	1∶1	2%	0.025	0.2558	1.5740
0.40	1.40	0.30	0.20	0.50	1∶1	2%	0.025	0.3620	1.7237
0.40	1.50	0.35	0.20	0.55	1∶1	2%	0.025	0.4888	1.8621
0.40	1.60	0.40	0.20	0.60	1∶1	2%	0.025	0.6374	1.9920
0.45	1.35	0.25	0.20	0.45	1∶1	2%	0.025	0.2810	1.6058
0.45	1.45	0.30	0.20	0.50	1∶1	2%	0.025	0.3956	1.7582
0.45	1.55	0.35	0.20	0.55	1∶1	2%	0.025	0.5316	1.8987
0.45	1.65	0.40	0.20	0.60	1∶1	2%	0.025	0.6903	2.0302
0.45	1.75	0.45	0.20	0.65	1∶1	2%	0.025	0.8727	2.1547
0.50	1.50	0.30	0.20	0.50	1∶1	2%	0.025	0.4296	1.7898
0.50	1.60	0.35	0.20	0.55	1∶1	2%	0.025	0.5749	1.9325
0.50	1.70	0.40	0.20	0.60	1∶1	2%	0.025	0.7437	2.0657
0.50	1.80	0.45	0.20	0.65	1∶1	2%	0.025	0.9369	2.1916
0.50	1.90	0.50	0.20	0.70	1∶1	2%	0.025	1.1558	2.3115

续表

断面尺寸/m					设计要素			过水能力/(m³/s)	流速/(m/s)
底宽	上口宽	水深	安全超	渠深	内坡比	纵坡	糙率		
0.55	1.45	0.25	0.25	0.50	1：1	2%	0.025	0.3322	1.6609
0.55	1.55	0.30	0.25	0.55	1：1	2%	0.025	0.4638	1.8190
0.55	1.65	0.35	0.25	0.60	1：1	2%	0.025	0.6186	1.9639
0.55	1.75	0.40	0.25	0.65	1：1	2%	0.025	0.7976	2.0989
0.55	1.85	0.45	0.25	0.70	1：1	2%	0.025	1.0018	2.2262
0.55	1.95	0.50	0.25	0.75	1：1	2%	0.025	1.2323	2.3472
0.55	2.05	0.55	0.25	0.80	1：1	2%	0.025	1.4902	2.4631
0.60	1.60	0.30	0.25	0.55	1：1	2%	0.025	0.4984	1.8459
0.60	1.70	0.35	0.25	0.60	1：1	2%	0.025	0.6627	1.9930
0.60	1.80	0.40	0.25	0.65	1：1	2%	0.025	0.8520	2.1299
0.60	1.90	0.45	0.25	0.70	1：1	2%	0.025	1.0672	2.2587
0.60	2.00	0.50	0.25	0.75	1：1	2%	0.025	1.3095	2.3809
0.60	2.10	0.55	0.25	0.80	1：1	2%	0.025	1.5799	2.4978
0.60	2.20	0.60	0.25	0.85	1：1	2%	0.025	1.8794	2.6103
0.30	1.10	0.20	0.20	0.40	1：1	3%	0.025	0.1643	1.6433
0.30	1.20	0.25	0.20	0.45	1：1	3%	0.025	0.2526	1.8370
0.30	1.30	0.30	0.20	0.50	1：1	3%	0.025	0.3625	2.0139
0.35	1.25	0.25	0.20	0.45	1：1	3%	0.025	0.2827	1.8848
0.35	1.35	0.30	0.20	0.50	1：1	3%	0.025	0.4026	2.0648
0.35	1.45	0.35	0.20	0.55	1：1	3%	0.025	0.5468	2.2319
0.40	1.20	0.20	0.20	0.40	1：1	3%	0.025	0.2070	1.7252
0.40	1.30	0.25	0.20	0.45	1：1	3%	0.025	0.3133	1.9278
0.40	1.40	0.30	0.20	0.50	1：1	3%	0.025	0.4433	2.1111
0.40	1.50	0.35	0.20	0.55	1：1	3%	0.025	0.5986	2.2806
0.40	1.60	0.40	0.20	0.60	1：1	3%	0.025	0.7807	2.4397
0.45	1.35	0.25	0.20	0.45	1：1	3%	0.025	0.3442	1.9667
0.45	1.45	0.30	0.20	0.50	1：1	3%	0.025	0.4845	2.1533
0.45	1.55	0.35	0.20	0.55	1：1	3%	0.025	0.6511	2.3254
0.45	1.65	0.40	0.20	0.60	1：1	3%	0.025	0.8454	2.4865
0.45	1.75	0.45	0.20	0.65	1：1	3%	0.025	1.0688	2.6390
0.50	1.50	0.30	0.20	0.50	1：1	3%	0.025	0.5261	2.1921
0.50	1.60	0.35	0.20	0.55	1：1	3%	0.025	0.7041	2.3668
0.50	1.70	0.40	0.20	0.60	1：1	3%	0.025	0.9108	2.5300
0.50	1.80	0.45	0.20	0.65	1：1	3%	0.025	1.1475	2.6841

续表

断面尺寸/m					设计要素			过水能力/(m^3/s)	流速/(m/s)
底宽	上口宽	水深	安全超	渠深	内坡比	纵坡	糙率		
0.50	1.90	0.50	0.20	0.70	1:1	3%	0.025	1.4155	2.8310
0.55	1.45	0.25	0.25	0.50	1:1	3%	0.025	0.4068	2.0342
0.55	1.55	0.30	0.25	0.55	1:1	3%	0.025	0.5681	2.2278
0.55	1.65	0.35	0.25	0.60	1:1	3%	0.025	0.7576	2.4052
0.55	1.75	0.40	0.25	0.65	1:1	3%	0.025	0.9768	2.5706
0.55	1.85	0.45	0.25	0.70	1:1	2%	0.025	1.2269	2.7265
0.55	1.95	0.50	0.25	0.75	1:1	2%	0.025	1.5092	2.8748
0.60	1.50	0.25	0.25	0.50	1:1	3%	0.025	0.4385	2.0637
0.60	1.60	0.30	0.25	0.55	1:1	3%	0.025	0.6104	2.2607
0.60	1.70	0.35	0.25	0.60	1:1	3%	0.025	0.8116	2.4410
0.60	1.80	0.40	0.25	0.65	1:1	3%	0.025	1.0434	2.6086
0.60	1.90	0.45	0.25	0.70	1:1	3%	0.025	1.3071	2.7663
0.60	2.00	0.50	0.25	0.75	1:1	3%	0.025	1.6038	2.9160

附表 18　　　常见混凝土矩形排水渠过水能力表

断面尺寸/m				设计要素		过水能力/(m^3/s)	流速/(m/s)
底宽	水深	安全超高	渠深	纵坡	糙率		
0.30	0.10	0.20	0.30	2%	0.015	0.0433	1.4450
0.30	0.15	0.20	0.35	2%	0.015	0.0755	1.6767
0.30	0.20	0.20	0.40	2%	0.015	0.1100	1.8328
0.30	0.25	0.20	0.45	2%	0.015	0.1459	1.9457
0.30	0.30	0.20	0.50	2%	0.015	0.1828	2.0312
0.40	0.10	0.20	0.30	2%	0.015	0.0620	1.5501
0.40	0.15	0.20	0.35	2%	0.015	0.1100	1.8328
0.40	0.20	0.20	0.40	2%	0.015	0.1625	2.0312
0.40	0.25	0.20	0.45	2%	0.015	0.2179	2.1790
0.40	0.30	0.20	0.50	2%	0.015	0.2752	2.2937
0.40	0.35	0.20	0.55	2%	0.015	0.3340	2.3855
0.40	0.40	0.20	0.60	2%	0.015	0.3937	2.4606
0.50	0.20	0.20	0.40	2%	0.015	0.2179	2.1790
0.50	0.25	0.20	0.45	2%	0.015	0.2946	2.3570
0.50	0.30	0.20	0.50	2%	0.015	0.3747	2.4978
0.50	0.35	0.20	0.55	2%	0.015	0.4571	2.6121
0.50	0.40	0.20	0.60	2%	0.015	0.5414	2.7070

续表

断面尺寸/m				设计要素		过水能力/(m³/s)	流速/(m/s)
底宽	水深	安全超高	渠深	纵坡	糙率		
0.60	0.20	0.20	0.40	2%	0.015	0.2752	2.2937
0.60	0.25	0.20	0.45	2%	0.015	0.3747	2.4978
0.60	0.30	0.20	0.50	2%	0.015	0.4791	2.6617
0.60	0.35	0.20	0.55	2%	0.015	0.5873	2.7965
0.60	0.40	0.20	0.60	2%	0.015	0.6983	2.9095
0.60	0.45	0.20	0.65	2%	0.015	0.8115	3.0057
0.60	0.50	0.20	0.70	2%	0.015	0.9266	3.0886
0.60	0.55	0.20	0.75	2%	0.015	1.0431	3.1608
0.60	0.60	0.20	0.80	2%	0.015	1.1608	3.2244
0.70	0.10	0.20	0.30	2%	0.015	0.1203	1.7179
0.70	0.15	0.20	0.35	2%	0.015	0.2203	2.0984
0.70	0.20	0.20	0.40	2%	0.015	0.3340	2.3855
0.70	0.25	0.20	0.45	2%	0.015	0.4571	2.6121
0.70	0.30	0.20	0.50	2%	0.015	0.5873	2.7965
0.70	0.35	0.20	0.55	2%	0.015	0.7227	2.9497
0.70	0.40	0.20	0.60	2%	0.015	0.8622	3.0794
0.70	0.45	0.20	0.65	2%	0.015	1.0051	3.1907
0.70	0.50	0.20	0.70	2%	0.015	1.1505	3.2873
0.70	0.55	0.20	0.75	2%	0.015	1.2982	3.3720
0.70	0.60	0.20	0.80	2%	0.015	1.4477	3.4468
0.80	0.30	0.20	0.50	2%	0.015	0.6983	2.9095
0.80	0.35	0.20	0.55	2%	0.015	0.8622	3.0794
0.80	0.40	0.20	0.60	2%	0.015	1.0318	3.2244
0.80	0.45	0.20	0.65	2%	0.015	1.2059	3.3496
0.80	0.50	0.20	0.70	2%	0.015	1.3836	3.4590
0.80	0.55	0.20	0.75	2%	0.015	1.5644	3.5554
0.80	0.60	0.20	0.80	2%	0.015	1.7477	3.6411
0.80	0.65	0.20	0.85	2%	0.015	1.9332	3.7177
0.80	0.70	0.20	0.90	2%	0.015	2.1206	3.7868
0.80	0.75	0.20	0.95	2%	0.015	2.3095	3.8492
0.80	0.80	0.20	1.00	2%	0.015	2.4999	3.9060
0.90	0.40	0.20	0.60	2%	0.015	1.2059	3.3496
0.90	0.45	0.20	0.65	2%	0.015	1.4125	3.4878
0.90	0.50	0.20	0.70	2%	0.015	1.6241	3.6091

续表

断面尺寸/m				设计要素		过水能力/(m^3/s)	流速/(m/s)
底宽	水深	安全超高	渠深	纵坡	糙率		
0.90	0.55	0.20	0.75	2%	0.015	1.8397	3.7166
0.90	0.60	0.20	0.80	2%	0.015	2.0587	3.8125
0.90	0.65	0.20	0.85	2%	0.015	2.2807	3.8986
0.90	0.70	0.20	0.90	2%	0.015	2.5052	3.9765
0.90	0.75	0.20	0.95	2%	0.015	2.7318	4.0472
0.90	0.80	0.20	1.00	2%	0.015	2.9604	4.1117
0.90	0.85	0.20	1.05	2%	0.015	3.1906	4.1708
0.90	0.90	0.20	1.10	2%	0.015	3.4223	4.2251
0.90	0.95	0.20	1.15	2%	0.90	3.6553	4.2753
0.90	1.00	0.20	1.20	2%	0.90	3.8895	4.3217
0.30	0.10	0.20	0.30	3%	0.015	0.0531	1.7697
0.30	0.15	0.20	0.35	3%	0.015	0.0924	2.0536
0.30	0.20	0.20	0.40	3%	0.015	0.1347	2.2448
0.30	0.25	0.20	0.45	3%	0.015	0.1787	2.3830
0.30	0.30	0.20	0.50	3%	0.015	0.2239	2.4877
0.40	0.10	0.20	0.30	3%	0.015	0.0759	1.8985
0.40	0.15	0.20	0.35	3%	0.015	0.1347	2.2448
0.40	0.20	0.20	0.40	3%	0.015	0.1990	2.4877
0.40	0.25	0.20	0.45	3%	0.015	0.2669	2.6687
0.40	0.30	0.20	0.50	3%	0.015	0.3371	2.8092
0.40	0.35	0.20	0.55	3%	0.015	0.4090	2.9216
0.40	0.40	0.20	0.60	3%	0.015	0.4822	3.0137
0.50	0.20	0.20	0.40	3%	0.015	0.2669	2.6687
0.50	0.25	0.20	0.45	3%	0.015	0.3608	2.8868
0.50	0.30	0.20	0.50	3%	0.015	0.4589	3.0592
0.50	0.35	0.20	0.55	3%	0.015	0.5599	3.1992
0.50	0.40	0.20	0.60	3%	0.015	0.6631	3.3153
0.60	0.20	0.20	0.40	3%	0.015	0.3371	2.8092
0.60	0.25	0.20	0.45	3%	0.015	0.4589	3.0592
0.60	0.30	0.20	0.50	3%	0.015	0.5868	3.2598
0.60	0.35	0.20	0.55	3%	0.015	0.7192	3.4249
0.60	0.40	0.20	0.60	3%	0.015	0.8552	3.5633
0.60	0.45	0.20	0.65	3%	0.015	0.9939	3.6812
0.60	0.50	0.20	0.70	3%	0.015	1.1348	3.7827

续表

断面尺寸/m				设计要素		过水能力/(m³/s)	流速/(m/s)
底宽	水深	安全超高	渠深	纵坡	糙率		
0.60	0.55	0.20	0.75	3‰	0.015	1.2775	3.8712
0.60	0.60	0.20	0.80	3‰	0.015	1.4216	3.9490
0.70	0.10	0.20	0.30	3‰	0.015	0.1473	2.1040
0.70	0.15	0.20	0.35	3‰	0.015	0.2698	2.5700
0.70	0.20	0.20	0.40	3‰	0.015	0.4090	2.9216
0.70	0.25	0.20	0.45	3‰	0.015	0.5599	3.1992
0.70	0.30	0.20	0.50	3‰	0.015	0.7192	3.4249
0.70	0.35	0.20	0.55	3‰	0.015	0.8851	3.6127
0.70	0.40	0.20	0.60	3‰	0.015	1.0560	3.7715
0.70	0.45	0.20	0.65	3‰	0.015	1.2309	3.9078
0.70	0.50	0.20	0.70	3‰	0.015	1.4091	4.0261
0.70	0.55	0.20	0.75	3‰	0.015	1.5900	4.1298
0.70	0.60	0.20	0.80	3‰	0.015	1.7730	4.2215
0.80	0.30	0.20	0.50	3‰	0.015	0.8552	3.5633
0.80	0.35	0.20	0.55	3‰	0.015	1.0560	3.7715
0.80	0.40	0.20	0.60	3‰	0.015	1.2637	3.9490
0.80	0.45	0.20	0.65	3‰	0.015	1.4769	4.1024
0.80	0.50	0.20	0.70	3‰	0.015	1.6945	4.2364
0.80	0.55	0.20	0.75	3‰	0.015	1.9160	4.3545
0.80	0.60	0.20	0.80	3‰	0.015	2.1405	4.4594
0.80	0.65	0.20	0.85	3‰	0.015	2.3677	4.5533
0.80	0.70	0.20	0.90	3‰	0.015	2.5972	4.6378
0.80	0.75	0.20	0.95	3‰	0.015	2.8286	4.7143
0.80	0.80	0.20	1.00	3‰	0.015	3.0617	4.7839
0.90	0.40	0.20	0.60	3‰	0.015	1.4769	4.1024
0.90	0.45	0.20	0.65	3‰	0.015	1.7300	4.2716
0.90	0.50	0.20	0.70	3‰	0.015	1.9891	4.4202
0.90	0.55	0.20	0.75	3‰	0.015	2.2532	4.5518
0.90	0.60	0.20	0.80	3‰	0.015	2.5214	4.6693
0.90	0.65	0.20	0.85	3‰	0.015	2.7933	4.7748
0.90	0.70	0.20	0.90	3‰	0.015	3.0682	4.8702
0.90	0.75	0.20	0.95	3‰	0.015	3.3458	4.9568

附录　宁夏植物调查名录

附录1　常　绿　乔　木

品种	科属	生长特性	物候期	观赏特性及用途	密度/（kg/hm^2）	栽植与抚育
青海云杉（*Picea Crassifolia*）	松科云杉属	耐荫性强，耐寒（−30℃），喜凉爽湿润气候，中性土壤，耐旱，耐瘠薄	花期4—5月，球果9—10月成熟	树体高大，树形整齐，适于孤植、群植，常作庭荫树、园景树	2505～3330	植苗造林
桧柏（*Sabina Chinensis*）	柏科桧属	性喜光、耐荫，对土壤选择不严，要求深厚、肥沃、稍湿而排水良好的土质；深根性长命树种	3—4月开花，球果次年10—12月	树形优美，可用于园景树、丛植、对植、列植、自然种植、绿化带、绿篱、树墙、桩景、盆景。观赏性强，运用广泛		
侧柏（*Platycladus Orientalis*）	柏科侧柏属	喜光，幼树耐荫，土壤要求不严，耐盐碱、耐干旱，忌水涝，耐修剪	花期4月，果熟10月	造林树种、常绿观赏树种、孤植、片植	2505～3330	

附录2　常　绿　灌　木

品种	科属	生长特性	物候期	观赏特性及用途
砂地柏（*Sabina Vulgatis*）	柏科圆柏属	阳性，耐寒，极耐干旱，生长迅速，耐瘠薄，耐盐碱		匍匐状灌木，枝斜上，可用于地被、基础种植、坡地观赏及护坡
杜松（*Juniperus Rigida*）	柏科桧属	阳性，耐寒，耐干旱瘠薄，抗海潮风，生长慢		绿篱、庭院观赏杜松枝叶浓密下垂，树姿优美，北方各地栽植为庭园树、风景树、行道树和海崖绿化树种
大叶黄杨（*Buxus Megistophylla*）	卫矛科卫矛属	喜光，也耐荫，喜温暖湿润，耐寒性不强，耐干旱瘠薄	6月开花，10月果熟	观叶植物，可用于绿篱、基础种植
小叶黄杨（*Buxus Sinica*）	黄杨科黄杨属	喜光，亦较耐阴，适生于肥沃、疏松、湿润之地，酸性土、中性土或微碱性土均能适应。萌生性强，耐修剪	4月开花，花淡黄绿色，果球形，9—10月成熟	纸条柔韧，叶厚光亮，可用于庭植观赏、绿篱

附录3　落　叶　乔　木

品种	科属	生长特性	物候期	观赏特性及用途	密度/(kg/hm^2)	栽植与抚育
新疆杨（*Populus Alba*）	杨柳科杨属	喜光，耐严寒，可耐－20℃低温。耐干热，不耐湿热。耐干旱，耐盐碱。生长快，深根性，萌力强。病虫害少，对烟尘有一定抗性。寿命达80年以上。抗风力强	花期4—5月，果熟5月	优美的风景树、行道树、防护林、背景树种。常用作行道树“四旁”绿化、防风固沙树种	500～1000	苗木栽植穴径为0.6m，深0.6m，栽后踩实，灌溉
毛白杨（*Populus Tomentosa*）	杨柳科杨属	阳性树，较耐寒，喜生长在深厚、肥沃、湿润的土壤，稍耐盐碱，耐盐尘，根较深，耐移植	雄株3月中旬开花，4月上旬展叶，雌株3月下旬开花，4月下旬飞絮	雄株树皮灰白色，皮孔密，叶片较大，枝条多斜生，粗壮，小枝弯曲，多短枝；雌株树皮翠绿色，皮孔稀，叶片较小，枝条张开，多细长支。可作为风景林、防护林、河岸树、庭院孤植		
河北杨（*Populus Hopeiensis Hu & Chow*）	杨柳科杨属	喜光，较耐寒，耐干旱，喜湿润，忌水淹，生长尚快，萌蘖性强		树皮灰白色、光滑，枝条细柔，树冠阔圆形或广卵形。可用于庭荫树、行道树、风景树、孤植丛植、材林防护林	500～1000	
胡杨（*Populus Euphratica*）	杨柳科杨属	喜光，抗热，抗大气干旱，抗风沙，抗盐碱，耐涝，耐寒，寿命百年。能够忍耐极端最高温45℃和极端最低温－40℃的袭击	花期5月，果熟期6—7月。种子寿命当月	树冠球形，叶形变化大，庭院栽植		
旱柳（*Salix Matsudana*）	杨柳科柳属	喜光，喜湿润的沙壤土，稍耐盐碱，耐水湿耐干旱，耐修剪，耐移植	3月初萌芽，10月中旬叶变黄	防护林、河岸树及水土保持的重要树种，可用于风景树、背景树	2000～2500	
核桃（*Juglans Regia*）	胡桃科胡桃属	喜温暖湿润环境，较耐干冷，不耐湿热，抗旱性弱，不耐盐碱，抗风性强、生长迅速	4月上旬展叶，9月中旬果熟	树形整齐，可作为行道树。孤植或群植，叶大荫浓，绿茵覆地，清香，景观宜人		
榆树（*Ulmus Pumila*）	榆科榆属	喜光，喜湿润、肥沃、深厚的土壤，也能生长在干旱瘠薄的土中，耐盐碱性强，耐寒耐旱性强，不耐水湿，抗风力强，生长快，萌芽性强，耐修剪	4月上旬开花，4月下旬展叶，5月果熟，9月也变黄，10月上旬落叶	榆树是良好的行道树、庭荫树、工厂绿化、营造防护林和四旁绿化树种，唯病虫害较多。可用于庭荫树，行道树，东北作绿篱	666～1665	

续表

品种	科属	生长特性	物候期	观赏特性及用途	密度/(kg/hm²)	栽植与抚育
垂榆（*Ulmus Pumila Var. Pendula*）	榆科榆属	喜光，抗干旱，耐盐碱，耐土壤瘠薄，耐旱，耐寒，－35℃无冻梢。不耐水湿。根系发达，对有害气体有较强的抗性	枝条柔软、细长下垂，生长快，自然造型好，树冠丰满，花先叶开放	树干形通直，枝条下垂西长柔软，树冠呈圆形蓬松，形态优美，适合作庭院观赏、公路、道路行道树绿化		
山杏（*Siberian Apricot*）	蔷薇科李属	喜光照，喜深厚、湿润、排水良好的土壤。忌水涝，抗寒，耐干旱瘠薄，萌芽力强，生长快，寿命长	花期4月上旬，6月下旬果熟，10月上旬叶变黄	成片种植做护坡，花期早，春季观赏性强		
山桃（*Prunus Davidiana*）	蔷薇科李属	喜光，耐寒，耐旱，耐高温，忌水涝	花期3月下旬，6月下旬果熟	花期早，叶前繁华怒放，灿烂夺目，混植于林间或庭院、池畔、林缘、草坪建筑物前		
紫叶李（*Prunus Ceraifera*）	蔷薇科李属	喜温湿润气候，耐寒力不强。喜光，易稍耐荫。具有一定的抗旱能力	叶紫红色，花淡粉打笆，花期3—4月	异色叶观赏树，庭院观赏，丛植。适植于庭院、公园、广场、草地、建筑物附近		
国槐（*Sophora Japonica*）	豆科槐属	喜光，稍耐阴；耐寒、耐旱，在高温高湿的环境也能生长；根系发达，具深根性，适生于深厚肥沃、排水良好的酸性至微碱性沙土，在含盐量为0.15%的轻度盐碱土上也能生长，不耐积水；生长速度中等。寿命长，能适应城市环境	7—8月开花，10月下旬果熟	行道树，庭荫树		
刺槐（*Robinia Pseudoacacia*）	豆科槐属	喜光，稍耐荫，适应性强，忌水涝，耐移植，耐修剪。浅根性，生长快	4月中旬萌芽，5月上旬变绿，花果期4—6月，花白色	庭荫树、行道树、防护林，蜜源植物	1665～2505	
黄金槐（*Sophora Japonlca*）	豆科（蝶形花亚科）槐属	可长1.5～2米高，第二年2.5～3.5米；性耐寒，能抵抗－30℃的低温；耐干旱，耐瘠薄		树茎、枝为金黄色，特别是在冬季，这种金黄色更浓、更加艳丽，独具风格，颇富园林木本花卉之风采		

续表

品种	科属	生长特性	物候期	观赏特性及用途	密度/(kg/hm²)	栽植与抚育
龙爪槐(*Sophora Japonica*)	豆科槐属	喜光，稍耐荫，适应性强，忌水涝，耐移植，耐修剪。能适应干冷气候。喜生于土层深厚、湿润肥沃、排水良好的沙质壤土。深根性，根系发达，抗风力强，萌芽力亦强，寿命长		粗支扭转弯曲，小枝细且下垂，树冠成伞形或钟形。孤植，可作为装饰性风景树		
臭椿(*Ailanthus Altissima*)	苦木科臭椿属	阳性，耐干旱、瘠薄、盐碱，抗污染，不耐水湿，深根性，生长快，少病虫害	4月中旬展叶，花期5月下旬	树冠半球形，树姿雄伟，枝叶茂密，春季嫩叶紫红色，可作为庭荫树、行道树	666～1665	
丝棉木(*Euonymus Bungeanus*)	卫矛科卫矛属	阳性树种，稍耐阴，对气候适应性很强，耐寒，耐干旱，耐湿，耐瘠薄，对土壤要求不严。根系深而发达，能抗风，根蘖萌发力强，生长较缓慢	4月上旬展叶，花期5月下旬至6月中旬	枝叶纤细秀丽，色彩清雅，可作为庭荫树、水边绿化		
火炬树(*Rhus Typhina*)	漆树科盐肤木属	适应性极强，喜温耐旱，抗寒，耐瘠薄盐碱土壤。根系发达，根萌蘖力强	5月上旬展叶，花期5月中旬至7月上旬，10月中旬色变红	良好的护坡、固堤、固沙的水土保持和薪炭林树种。可作为风景林、防护林		
栾树(*Koelreuteria Paniculata*)	无患子科栾树属	喜光，耐半阴，耐寒，耐干旱、瘠薄。适应性强，喜生于石灰质土壤，耐盐渍及短期水涝。深根性，萌蘖力强，生长速度中等	花期6—7月，果期9—10月	树形端正，枝叶茂密而秀丽，是很好的庭荫树和行道树种；春季嫩叶多为红色，而入秋叶变黄色，是理想的观赏树木		
沙枣(*Salix Argyracea*)	胡颓子科胡颓子属	阳性，耐干旱、低湿及盐碱	花黄色，花期7月，有香气，果8—10月	庭植、绿篱、防护林		
白蜡(*Fraxinus Chinensis*)	木犀科白蜡树属	适应性很强，喜温暖、湿润，耐寒、耐涝、耐盐碱、耐干旱，弱阳性，抗烟尘，深根性，耐修剪	花期3—5月，果10月成熟	庭荫树、行道树，风景林，可用于湖岸绿化和工矿区绿化	666～1665	
落叶松(*Larix Gmelinii*)	杉科落叶松属	强阳性，喜温凉湿润气候，较耐湿，适应性强，不耐海潮，忌大风	花期5—6月，果熟期9—10月	庭荫树、风景林		

附录4　落　叶　灌　木

品种	科属	生长特性	物候期	观赏特性及用途
黄刺玫（*Rosa Xanthina*）	蔷薇科 蔷薇属	阳性，耐瘠薄，耐寒，耐干旱	花期4—5月，7月上旬果熟	春末夏初观花、庭院观赏、从植、花篱
榆叶梅（*Amygdalus Triloba*）	蔷薇科 蔷薇属	阳性，稍耐阴，耐寒，耐干旱，忌涝	花期4月，果期7月	枝叶茂密，花繁色艳。宜植于公园草地、路边，或庭园中的墙角、池畔等与边翘搭配种植，盛开时红黄相映，更显春意盎然
紫穗槐（*Amorpha Fruticosa*）	豆科 紫穗槐属	阳性，耐水湿，干旱瘠薄和轻盐碱土，抗污染	花暗紫，花期4—6月	护坡固堤、林带下木、防护林
枸杞（*Lycium Chinense*）	茄科 枸杞属	喜光，喜晴燥而凉爽的气候和排水良好的砂质壤土。适应性强，耐寒，耐轻度盐碱，忌低洼湿	花期5—10月，红色，果期6—11月	秋季观果花木，可供草坪、斜坡及悬崖陡壁栽植，也可植作绿篱。果实及根皮入药
红叶小檗（*Berberis Thunbergii Var. atropurpurea Chenault*）	小檗科 小檗属	耐寒，耐旱，不耐水涝，稍耐阴，萌芽力强，耐修剪		春季叶呈鲜红色，夏季转为紫红，入秋后变红。可做绿篱，适于花丛边缘丛植、岩石之间点缀
金叶莸（*Caryopteris Clandonensis*）	马鞭草科 莸属	喜光，也耐半荫，耐旱、耐寒、耐热、耐粗放管理，生长季节应适当修剪，越修剪，叶片的黄色越鲜艳，在−20℃以上能够安全露地越冬	花紫色，聚伞花序，蓝紫色，花期在夏末秋初，可持续2—3个月	单一造型组团，或与红叶小檗、侧柏、桧柏、小叶黄杨组团，黄、红、绿，可植于草坪边缘、假山旁、水边、路旁，是良好的彩叶树种
红柳（柽柳）（*Tamarix Ramosissima*）	柽柳科 柽柳属	荒漠、河滩或盐碱地等恶劣环境中的顽强植物，阳性，耐干旱、水湿，抗风沙、盐碱，抗有害气体能力强，耐修剪。柽柳还有很强的抗盐碱能力，能在含盐碱0.5%～1%的盐碱地上生长，是改造盐碱地的优良树种	枝叶细小柔软，花粉红色，花期5—8月	庭植、绿篱、海防林、防护树。柽柳的花期很长，从每年的5—9月，不断抽生新的花序，老花谢了，新花又开放了
互生醉鱼草（*Buddleja Alternifolia*）	马钱科 醉鱼草属	喜光，速生，性强健，耐修剪，耐寒性较强，能耐−15℃低温。耐酷暑，耐干旱和瘠薄	花期极长，从春末至初霜，花开不断	醉鱼草花期长而香郁，栽培简单粗放，可丛植于路边、桥头或林缘
中间锦鸡儿（*Caragana Intermedia*）	豆科 锦鸡儿属	多生长于砂砾质土壤，在基部可聚集成风积小沙丘。耐寒、耐酷热，抗干旱，耐贫瘠，不耐涝。轻微沙埋可促进生长，产生不定根，形成新植株	4月下旬开始生长，5月中旬开花，6月开始结果，7月上、中旬种子成熟	甘肃治理黄土沟壑荒坡的先锋植物，具有饲料、燃料、肥料和纺织等多种用途

附录 5　草　　本

品种	科属	生长特性	物候期	观赏特性及用途
芍药（*Paeonia Lactiflora*）	芍药科 芍药属	芍药性耐寒，在我国北方都可以露地越冬，土质以深厚的壤土最适宜，以湿润土壤生长最好，但排水必须良好。芍药性喜肥，圃地要深翻并施入充分的腐熟厩肥，在阳光充足处生长最好	花瓣白、粉、红、紫或红色，花期4—5月	专类园、花境、群植、切花
萱草（*Hemerocallis Fulva*）	百合科 萱草属	阳性，耐半阴，耐寒，耐旱，适应性强	花桔红桔黄色，具香味，花期6—8月果期8—9月	丛植、花境、疏林地被。山坡、草丛、山谷沟旁
石竹（*Dianthus Chinensis*）	石竹科 石竹属	阳性，耐寒，喜肥，要求通风好	花期4—10月，集中于4—5月	花坛、岩石园
景天（*Sedum Spectabilis*）	景天科 景天属	喜日光充足、温暖、干燥通风环境，忌水湿，对土壤要求不严格。性较耐寒、耐旱	花期7—9月	花境、岩石园、地被
三色堇（*Viola Tricolor*）	堇菜科 堇菜属	稍干燥为宜，旺盛期可以保持盆土稍湿润	生长适温7～15℃	花坛、花径、镶边
宿根福禄考（*Phlox Paniculata*）	花葱科 天蓝绣球属	阳性，耐寒，宜温和气候，喜排水良好，稍耐石灰质土壤	开花期正植其他花卉开花较少的夏季	用于布置花坛、花境，亦可点缀于草坪中。是优良的庭园宿根花卉

附录 6　草　　坪

品种	科属	生长特性	物候期	观赏特性及用途	密度/（kg/hm²）	栽植与抚育
早熟禾（*Poa Annua*）	禾本科 早熟禾属	适宜气候冷凉、湿度较大的地区生长，抗寒能力强，耐旱性稍差，耐践踏。根茎繁殖迅速，再生力强，耐修剪	根状茎，叶色诱人，绿期长，观赏效果好，绿色期长	在我国北方及中部地区、南方部分冷凉地区广泛用于公园、机关、学校、居住区、运动场等地绿化		
黑麦草（*Lolium Perenne*）	禾本科黑麦草属	耐践踏性、剪割后再生性均较强，但不耐低剪，一般绿地留茬高度以4～6cm为宜。它的耐阴能力稍差，喜在阳光处生长。叶片质地柔软，根状茎细弱，须根稠密		在公园、庭园及小型绿地上，用作“先锋草种”。为了增加草坪抗性，常把多年生黑麦草与草地早熟禾、紫羊茅等草种混合栽培，用作一般绿地及高尔夫球场球道的绿化材料		
苜蓿（*Medicago Sativa*）	豆科 苜蓿属		花果期5—6月			
白三叶（*Trifolium Repens*）	豆科三叶草属	喜温凉湿润的气候，适应性广，生长最适温度19～24℃，耐热，耐寒，耐荫。土壤要求不严，耐瘠、耐酸，适宜pH值5.6～7的土壤生长，最适排水良好、富含钙质及腐殖质的黏质土壤。不耐盐碱	5月上旬开花，6月上旬至7月上旬荚果成熟	白三叶因其具有匍匐茎在草地中蔓延，有根瘤，也是良好的水土保持和城市及庭院绿化植物		

续表

品种	科属	生长特性	物候期	观赏特性及用途	密度/(kg/hm²)	栽植与抚育
麦冬(*Ophiopogon Japonicus*)	百合科沿阶草属	喜温暖，有一定耐寒力，在长江流域能露地越冬，抗热性强，能忍受35℃以上的高温，适应性强。对土壤的要求不高，在富含腐殖质的砂质壤土中生长良好，在黏重干旱的土壤中生长较差，抗盐碱性差	花期5—9月，果蓝色	麦冬四季常绿，通常在林下作地被植物，是最为常见的地被植物种类		

附录7　沙生植物

品种	科属	生长特性	物候期	观赏特性及用途	密度/(kg/hm²)	栽植与抚育
红柳（柽柳）(*Tamarix Ramosissima*)	柽柳科柽柳属	荒漠、河滩或盐碱地等恶劣环境中的顽强植物，阳性，耐干旱、水湿，抗风沙、盐碱，抗有害气体能力强，耐修剪。柽柳还有很强的抗盐碱能力，能在含盐碱0.5%～1%的盐碱地上生长，是改造盐碱地的优良树种	枝叶细小柔软，花粉红色，花期5—8月	庭植、绿篱、海防林、防护树。柽柳的花期很长，从每年的5—9月，不断抽生新的花序，老花谢了，新花又开放了		
沙拐枣(*Calligonum Mongolicunl*)	蓼科沙拐枣属	极耐高温、干旱和严寒。萌芽性强，被流沙埋压后，仍能由茎部发生不定根、不定芽。多生于沙地、戈壁滩、干河床以及山前沙砾地		防风固沙植物。花、果及老枝均有一定观赏价值，适宜点缀公园		
梭梭(*Haloxylon Ammodendron*)	藜科梭梭属	能生在干旱荒漠地区水位较高的风成沙丘、丘间沙地和淤积、湖积龟裂型黏土，以及中、轻度盐渍土上，也能生长在基质极端粗糙、水分异常缺乏的洪积石质戈壁和剥蚀石质山坡及山谷	花期7月，果期9月，10—11月种子成熟	用来防风固沙		
盐爪爪(*Kalidium Foliatum*)	藜科盐爪爪属	生于洪积扇扇缘地带及盐湖边的潮湿盐土、盐化沙地、砾石荒漠的低湿处和胡杨林下，常常形成盐土荒漠及盐生草甸	花果期7—9月			
杨柴(*Hedysarum Fr- uticosum*)	蝶形花种岩黄蓍属	适应性强，故能在极为干旱瘠薄的半固定、固定沙地上生长。喜欢适度沙压并能忍耐一定风蚀。一般是越压越旺。		其固沙效益及经济价值。杨柴采用封沙育林，自然繁殖很快，即可利用天然下种，又可利用串根成林。杨柴具有丰富的根瘤，利于改良沙地，并提高沙地的肥力		
沙蒿(*Artemisia Desterorum*)	菊科蒿属	超旱生沙生植物		由于茎多数丛生，阻沙作用好，为优良的固沙植物		

续表

品种	科属	生长特性	物候期	观赏特性及用途	密度/(kg/hm²)	栽植与抚育
沙柳(*Salix Cheilophila*)	杨柳科柳属	抗逆性强，耐旱，喜水湿，抗风沙，耐盐碱，耐严寒和酷热；喜适度沙压，越压越旺，但不耐风蚀；繁殖容易，萌蘖力强，越割越旺，插条极易成活；生长迅速，枝叶茂密，根系繁大，固沙保土力强		沙柳由于适应范围较广，发展很快，可作为木材奇缺的西北沙区发展纤维板的良好原料		
中间锦鸡儿(*Caragana Intermedia*)	豆科锦鸡儿属		花期5—6月	生于沙丘、山坡及干燥坡地。分布于内蒙古、陕西、宁夏、甘肃等地		
柠条(*Caragana Intermedia*)	豆科锦鸡儿属	耐旱、耐寒、耐高温，是干旱草原、荒漠草原地带的旱生灌丛		深根性树种，主根明显，侧根根系向四周水平方向延伸，纵横交错，固沙能力很强	4.5～6	播种造林，每穴播种3～5粒
芨芨草(*Achnatherum Splendens*)	禾本科芨芨草属	根系强大，耐旱，耐盐碱，适应黏土以至沙壤土		芨芨草滩在荒漠化草原和干旱草原区，为主要的冬春营地	6～12	与细沙1∶6均匀搅拌条播。补植补播
白刺(*Nitraria Sibirica*)	蒺藜科白刺属	典型的荒漠植物，耐盐碱，耐沙埋，它们积聚流沙和枯枝落叶而固定		沙丘的守护神，荒漠的卫士		
甘草(*Glycyrrhiza Uralensis*)	豆科甘草属	喜干燥气候，耐寒，野生在干旱的钙质上，排水良好、地下水位低的砂质壤土栽培。忌地下水位高和涝洼地酸性土壤。土壤中性或微碱性为好	花期6—7月，果期7—9月			
紫穗槐(*Amorpha Fruticosa L*)	豆科紫穗槐属	阳性，耐水湿、干旱、瘠薄和轻盐碱土，抗污染	花暗紫，花期5—6月	护坡固堤、林带下木、防护林	1650～3300	
花棒(*Hedysarum Scoparium*)	豆科岩黄芪属	耐旱性很强，花棒对土壤要求不严，适于在半固定沙丘上生长，在覆沙的黄土地区生长也很好。花棒的栽培与利用同羊柴相似	7—8月	飞播改良沙地的草种，很多地区引种栽培，用以固沙兼做饲草		
苦豆(*Sophora Alopecuroides L.*)	豆科槐属	喜生长在阳光充足的环境和排水良好的石灰性土壤上。耐旱，耐寒		沙生观赏植物		
沙冬青(*Ammopiptanthus mongolicus*)	豆科黄花木属	喜沙砾质土壤，或具薄层覆沙的砾石质土壤	4—5月开花，7月下旬果实成熟	渐危种。沙冬青是古老的第三纪残遗种，为阿拉善荒漠区所特有的建群植物		

参 考 文 献

［1］ 中华人民共和国建设部. GB 50433—2008 开发建设项目水土保持技术规范［S］. 北京：中国计划出版社，2008.

［2］ 中华人民共和国建设部. GB 50434—2008 开发建设项目水土流失防治标准［S］. 北京：中国计划出版社，2008.

［3］ 中华人民共和国水利部. GB/T 50596—2010 雨水集蓄利用工程技术规范［S］. 北京：中国计划出版社，2010.

［4］ 中华人民共和国水利部. SL 73.1—2013 水利水电工程制图标准（基础制图）［S］. 北京：中国水利水电出版社，2013.

［5］ 中华人民共和国水利部. SL 73.2—2013 水利水电工程制图标准（水工建筑制图）［S］. 北京：中国水利水电出版社，2013.

［6］ 中华人民共和国水利部. SL 336—2006 水土保持工程质量评定规程［S］. 北京：中国水利水电出版社，2006.

［7］ 中华人民共和国建设部. JGJ/T 98—2010 砌筑砂浆配合比设计规程［S］. 北京：中国建筑工业出版社，2010.

［8］ 中华人民共和国建设部. GB 50203—2011 砌体结构工程施工质量验收规范［S］. 北京：光明日报出版社，2011.

［9］ 冶金部建筑研究总院. CECS22：90 土层锚杆设计与施工规范［S］. 北京：中国计划出版社，1990.

［10］ 中国国家标准化管理委员会. GB/T 15776—2006 造林技术规程［S］. 北京：中国标准出版社，2006.

［11］ 中国水土保持学会水土保持规划设计专业委员会. 生产建设项目水土保持设计指南［M］. 北京：中国水利水电出版社，2011.

［12］ 魏晓，孙峰华. 宁夏水土保持及区划研究水土保持研究［J］. 水土保持研究，2005，12（6）：119-121.

［13］ 贺康宁，王治国，赵永军. 开发建设项目水土保持［M］. 北京：中国林业出版社，2009.

［14］ 刘伊生. 建设项目管理［M］. 北京：清华大学出版社，2008.

［15］ 王礼先. 水土保持工程学［M］. 北京：中国林业出版社，2000.

［16］ 国家统计局. 2004 中国统计年鉴［M］. 北京：中国统计出版社，2004.

［17］ 王百田. 林业生态工程学［M］. 北京：中国林业出版社，2010.

［18］ 王国. 宁南山区生产建设项目水土流失防治技术体系研究［D］. 北京：北京林业大学，2011.

［19］ 吕钊. 宁北风蚀区生产建设项目弃渣场植被恢复研究［D］. 北京：北京林业大学，2011.

［20］ 李宁. 不同水土保持措施对土壤水分及地表径流的影响［D］. 江西：南昌大学，2014.

［21］ 赵暄. 生产建设项目弃土堆置体下垫面概化与水土流失特征研究［D］. 陕西：西北农林科技大学，2013.

［22］ 彭旭东. 生产建设项目工程堆积体边坡土壤侵蚀过程［D］. 重庆：西南大学，2015.

［23］ 吕春娟. 矿区排土场岩土侵蚀特征及植被恢复的水保效应［D］. 山西：山西农业大学，2004.

［24］ 王冬梅，李永贵，张焱. 城市水土流失成因及对策［C］. 中国水土保持学会第三次全国会员代表大会学术论文集. 北京：中国农业科学技术出版社，2006.

［25］ 孙厚才，赵永军. 我国开发建设项目水土保持现状及发展趋势［J］. 中国水土保持，2007，（1）：

50 - 52.
[26] 后同德，王先琴. 浅谈城市水土保持的特点与任务 [J]. 中国水土保持，2004，(8)：27 - 28.
[27] 高春河. 浅述宁夏南部山区水土流失及其防治措施 [J]. 农业科技与信息，2009，(20)：6 - 7.
[28] 高旭彪，黄成志，刘朝晖. 开发建设项目水土流失防治模式 [J]. 中国水土保持科学，2007，5 (6)：93 - 97.
[29] 张振超，王冬梅，马斌. 生产建设项目表土保护与利用 [J]. 中国水土保持科学，2015，13 (1)：127 - 132.
[30] 何国富，王勇. 模糊聚类在不均匀场地土分类归并中的应用 [J]. 水文地质工程地质，2012，(5)：98 - 102.
[31] 蒋齐，梅曙光. 宁夏黄土地区主要灌木树种抗旱机制的初步研究 [J]. 宁夏农林科技，1992，(5)：25 - 27.
[32] 晏伟明，谢颂华. 生产建设项目边坡及弃土侵蚀影响机制研究进展 [J]. 中国水土保持科学，2016，14 (4)：142 - 152.
[33] 李维成. 宁夏南部山区抗旱保水造林技术研究 [J]. 现代农业科技，2013，(13)：164，167.
[34] 高红军，李生红，等. 宁夏银北地区盐碱地造林技术 [J]. 宁夏农林科技，2008，(6)：113 - 114.
[35] 田志强，张静. 宁夏南部干旱山区造林技术 [J]. 现代农业科技，2011，(20)：215 - 216.
[36] 逯海叶，柴志福，王弋，逄红. 开发建设项目水土保持临时防护措施的布设 [J]. 内蒙古水利，2010，(2)：32.
[37] 马斌. 宁夏水土流失现状与防治对策 [J]. 农业科学研究，2009，30 (4)：65 - 67.
[38] 山寺喜成，安保昭，吉田宽. 恢复自然环境绿化工程概论：坡面绿化基础与模式设计 [M]. 北京：中国科学技术出版社，1997.
[39] 王红梅. 宁夏南部半干旱黄土丘陵区封育草地土壤水分特征研究 [D]. 宁夏：宁夏大学，2005.
[40] 王月玲，王思成，等. 造林技术规程在生态建设中的应用——以宁夏南部山区为例 [J]. 安徽农业科学，2009，(30)：14991 - 14992.
[41] 张晓蓓. 宁夏六盘山南侧华北落叶松人工林生态水文影响的密度效应评价 [D]. 河北：河北农业大学，2012.
[42] 赵功强，赵萍，王伟，等. 宁南山丘区水土流失影响因素及发生规律研究 [J]. 中国水土保持，2009，(1)：52 - 54.
[43] 顾云春，李永武，等. 森林立地分类与评价的立地要素原理与方法 [M]. 北京：科学出版社，1993：10 - 19.
[44] 焦居仁. 开发项目水土保持 [M]. 北京：中国法制出版社，1998：67 - 93.
[45] 李文银，王治国，蔡继清. 工矿区水土保持 [M]. 北京：科学出版社，1996：15 - 52.
[46] 刘震，牛崇桓，陈伟，等. 生产建设项目水土保持设计指南 [M]. 北京：中国水利水电出版社，2011：38 - 43.
[47] 宋桂龙，裴大伟，孟强，等. 边坡分类体系及其与稳定性关系探讨 [C]. 全国公路生态绿化理论与技术研讨会论文集. 北京：北京人民大学出版社，2009：84 - 91.
[48] 卜崇德. 宁夏水土保持实践与探索 [M]. 宁夏：宁夏人民出版社，2007.
[49] 杨蓉，文宝，陈丽. 宁夏水土流失的成因分析与防治措施的探讨 [J]. 水土保持研究，2004，11 (3)：293 - 295.
[50] 赵永军. 生产建设项目水土流失防治技术综述 [J]. 中国水土保持，2007，(4)：47 - 50.
[51] 刘平，吴海霞，马斌. 宁夏开发建设项目水土流失防治情况及经验 [J]. 中国水土保持，2011，(9)：11 - 12.
[52] 姜德文. 生产建设项目水土流失防治十大新理念 [J]. 中国水土保持，2011，(7)：3 - 6.